图书在版编目(CIP)数据

无冕歌王 / 内蒙古自然博物馆编著. — 呼和浩特：
内蒙古人民出版社, 2022.12

（内蒙古常见鸟类手绘图鉴）

ISBN 978-7-204-17437-9

Ⅰ. ①无… Ⅱ. ①内… Ⅲ. ①鸟类-内蒙古-少儿读
物 Ⅳ. ①Q959.708-49

中国国家版本馆 CIP 数据核字(2023)第 010052 号

无冕歌王

作　　者	内蒙古自然博物馆	
策划编辑	贾睿茹	
责任编辑	陈宇琪	
责任监印	王丽燕	
封面设计	王宇乐　宋双成	
出版发行	内蒙古人民出版社	
地　　址	呼和浩特市新城区中山东路 8 号波士名人国际 B 座 5 层	
网　　址	http://www.impph.cn	
印　　刷	内蒙古爱信达教育印务有限责任公司	
开　　本	787mm×1092mm　1/16	
印　　张	14.75	
字　　数	220 千	
版　　次	2022 年 12 月第 1 版	
印　　次	2023 年 5 月第 1 次印刷	
书　　号	ISBN 978-7-204-17437-9	
定　　价	68.00 元	

如发现印装质量问题，请与我社联系。联系电话：(0471)3946120

"内蒙古常见鸟类手绘图鉴"丛书
编 委 会

扫码搭乘 观鸟专列

微信扫一扫

认识内蒙古的神奇鸟儿

📍 第一站：鸟类科普站

一起走进鸟类王国，探秘"羽"众不同的鸟儿！

鸳鸯会爬树？杜鹃和苇莺是宿敌？麻雀的嘴巴大小随季节变化？

第二站：高能游戏馆 📍

鸟儿对对碰 | 鸟儿知多少 | 拼图大作战

高能挑战赛，谁是最强游戏王？

📍 第三站：观鸟云台

拍照识鸟 | 听音辨鸟 | 观鸟笔记

领取观鸟工具，制作个人专属观鸟手册！

前 言

"天苍苍，野茫茫，风吹草低见牛羊。"提起内蒙古，你首先会想到什么？是一望无际的大草原、莽莽的大兴安岭林海，还是浩瀚的沙漠？或许，那个天宽地阔、景色壮美的内蒙古你从未知晓。

你知道吗？在每天清晨的同一时间，生长在大兴安岭的樟子松已经开始沐浴晨光，而生长在阿拉善的胡杨林仍被星辰笼罩，这就是东西直线距离约 2400 千米，跨越祖国东北、华北和西北的内蒙古。在这片总面积 118.3 万平方千米的广袤大地上铺展着森林、草原、河湖和荒漠。

多样的自然环境造就了内蒙古鸟类的多样性和复杂性，这里是众多鸟类的家园。截至2020年，内蒙古自治区共有497种鸟类，其中叫声婉转多变的蒙古百灵是内蒙古自治区的区鸟，金雕、大鸨和东方白鹳等是国家一级重点保护野生动物。近年来，随着鸟类研究的深入，内蒙古鸟类分布的新纪录也在不断地被刷新。

鸟类是人类的朋友，也是自然界不可或缺的一分子。鸟类有独特的外形、习性和繁殖方式，它们翱翔于天际，让无数人关注和向往。同时，它们也用色彩斑斓的羽毛和悦耳动听的鸣声为自然增添了无尽的诗情画意。

"内蒙古常见鸟类手绘图鉴"丛书根据鸟类的生态类群分为三册，即《无冕歌王》《天地精灵》和《水域之子》。在这套书中，您可以欣赏到200多种由专业插画师手绘的鸟类，同时可以了解它们的多彩世界。

爱因斯坦曾说他没有特别的天赋，只是拥有强烈的好奇心，他的好奇心带他开启了人类伟大的发现。希望这套图书中丰富的知识、奇妙的资讯和精美的插画也可以激发大家的好奇心，并唤起大家对自然的热爱。自然是最伟大的艺术家，而鸟类则是自然的杰作，让我们一起欣赏、珍惜这些与我们共享着同一片天空的美丽生灵！

PRFFACE

鸟类的身体部位

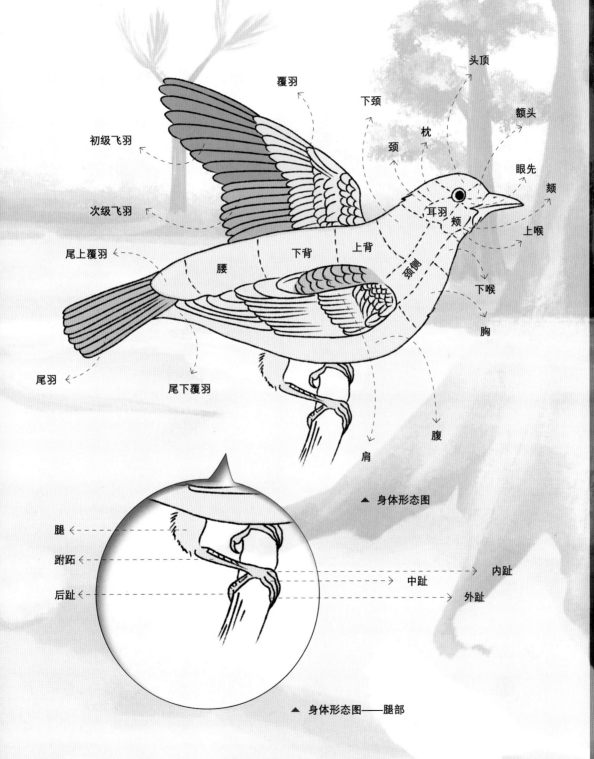

初级飞羽

次级飞羽

尾上覆羽

腰

尾羽

尾下覆羽

覆羽

下颈

颈

枕

下背

上背

肩

头顶

额头

眼先

颏

上喉

下喉

胸

腹

耳羽

颊

颈侧

▲ 身体形态图

腿

跗跖

后趾

内趾

中趾

外趾

▲ 身体形态图——腿部

阅读指南

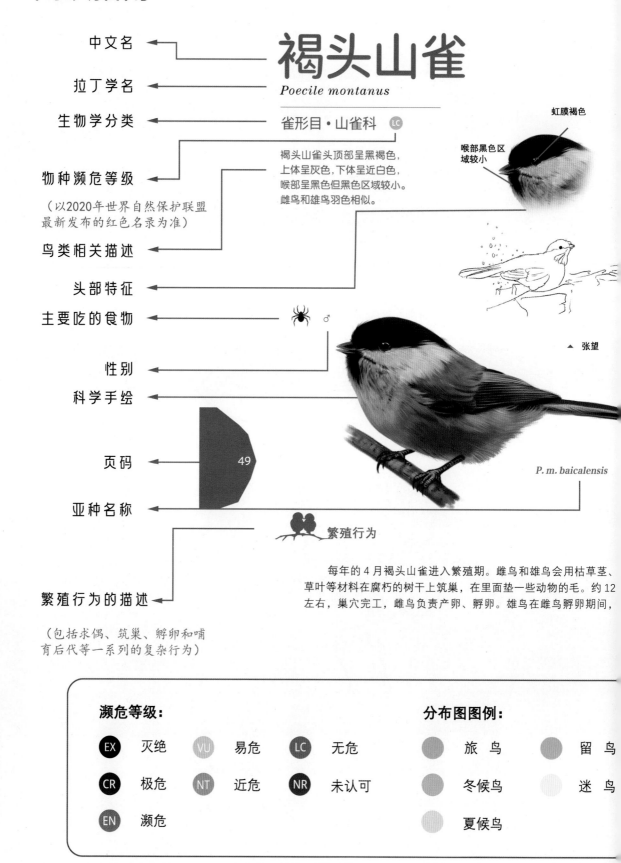

中文名 ← **褐头山雀**
Poecile montanus

拉丁学名 ←

生物学分类 ← 雀形目·山雀科 **LC**

物种濒危等级 ←

（以2020年世界自然保护联盟
最新发布的红色名录为准）

褐头山雀头顶部呈黑褐色，
上体呈灰色，下体呈近白色，
喉部呈黑色但黑色区域较小。
雌鸟和雄鸟羽色相似。

虹膜褐色

喉部黑色区
域较小

鸟类相关描述 ←

头部特征 ←

主要吃的食物 ← 🕷 ♂

性 别 ←

▲ 张望

科学手绘 ←

页 码 ← 49

P. m. baicalensis

亚种名称 ←

🐦 繁殖行为

繁殖行为的描述 ←

（包括求偶、筑巢、孵卵和哺
育后代等一系列的复杂行为）

每年的4月褐头山雀进入繁殖期。雌鸟和雄鸟会用枯草茎、
草叶等材料在腐朽的树干上筑巢，在里面垫一些动物的毛。约12
左右，巢穴完工，雌鸟负责产卵、孵卵。雄鸟在雌鸟孵卵期间，

濒危等级：

EX 灭绝　　**VU** 易危　　**LC** 无危

CR 极危　　**NT** 近危　　**NR** 未认可

EN 濒危

分布图图例：

● 旅 鸟　　● 留 鸟

● 冬候鸟　　● 迷 鸟

● 夏候鸟

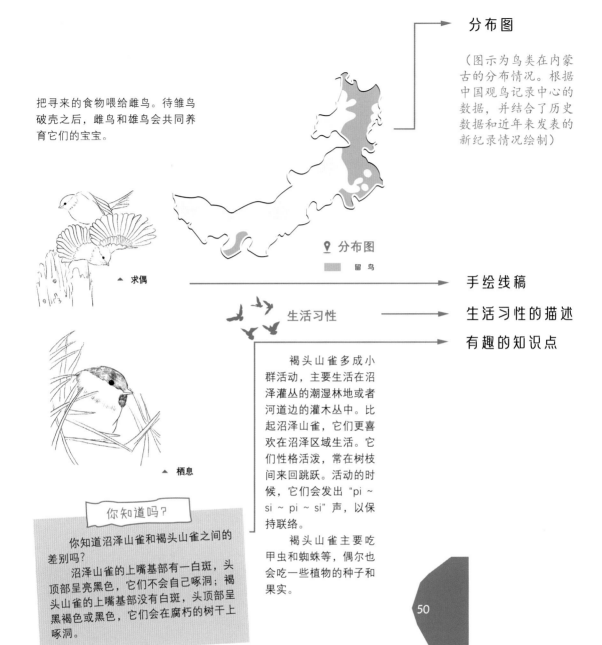

把寻来的食物喂给雌鸟。待雏鸟破壳之后，雌鸟和雄鸟会共同养育它们的宝宝。

分布图

（图示为鸟类在内蒙古的分布情况。根据中国观鸟记录中心的数据，并结合了历史数据和近年来发表的新纪录情况绘制）

▲ 求偶

📍 分布图

▮ 留鸟

手绘线稿

生活习性 生活习性的描述

有趣的知识点

▲ 栖息

褐头山雀多成小群活动，主要生活在沼泽灌丛的潮湿林地或者河道边的灌木丛中。比起沼泽山雀，它们更喜欢在沼泽区域生活。它们性格活泼，常在树枝间来回跳跃。活动的时候，它们会发出"pi～si～pi～si"声，以保持联络。

褐头山雀主要吃甲虫和蜘蛛等，偶尔也会吃一些植物的种子和果实。

你知道吗？

你知道沼泽山雀和褐头山雀之间的差别吗？

沼泽山雀的上嘴基部有一白斑，头顶部呈亮黑色，它们不会自己啄洞；褐头山雀的上嘴基部没有白斑，头顶部呈黑褐色或黑色，它们会在腐朽的树干上啄洞。

50

插画图例：

br.：繁殖羽	sum.：夏羽	♂：雄鸟	juv.：幼鸟
non-br.：非繁殖羽	win.：冬羽	♀：雌鸟	imm.：未成年鸟
fresh：新换羽	1st win.：第一年冬羽	ad.：成鸟	

CONTENTS

01

目录 CONTENTS

02

雀形目
Section 1

鸣禽篇

黄鹂科

卷尾科

伯劳科

鸦科

山雀科

百灵科

文须雀科

苇莺科

椋鸟科

鸫科

鹟科

燕雀科

鹀科

界：动物界
Animalia
（包含目前地球上已经鉴别的所有动物）

门：脊索动物门
Chordata
（在个体发育的整个过程或某一时期具有脊索、背神经管以及鳃裂的动物）

纲：鸟纲
Aves
（体表被羽、前肢特化成翼、适于飞翔的脊椎动物）

目：鹤形目
Gruiformes
（通常形态差别很大，除少数种类外，一般为涉禽）

科：鹤科
Gruidae
（这一类鸟的体态优美，除少数种类外，有细长的颈、喙和腿）

属：鹤属
Grus
（包括丹顶鹤、沙丘鹤和灰鹤等）

种：丹顶鹤
Grus japonensis
（仅指丹顶鹤这一个物种）

什么是鸟？

你是谁？我们每个人出生之后会有一个身份证来证明自己的身份，通过身份证可以了解一个人的信息，由此来识别这个世界上独一无二的你。其实，在我们身边出现的各种动物、植物等生物，它们也有自己的"身份证"，用来证明自己的身份。

生物学家依据物种的形态结构等特征，将生物按照共同特征的多少或者亲缘关系的远近，依次划分为界、门、纲、目、科、属、种，并给所有的物种赋予不同的拉丁学名加以识别，从而建立起每一个物种独特的档案信息。下面让我们来认识一下仙气飘飘的丹顶鹤的"身份证"吧！

丹顶鹤的"身份"信息如左图所示。其实每一个生物都有一个这样的"身份证"。

所以，到底什么是鸟呢？

有人说，会飞的就是鸟。可是，蝙蝠会飞，它是鸟吗？

有人说，身上长毛的就是鸟。可是，红毛猩猩体被长毛，它是鸟吗？

有人说，会下蛋的就是鸟。可是，乌龟也会下蛋，它是鸟吗？

有人说，有脊椎的就是鸟。可是，鱼类也有脊椎，它是鸟吗？

……

其实，鸟类是一种综合了上述所有特征的动物，即体表被覆羽毛、有翼、恒温和卵生的高等脊椎动物。

鸟类的起源

　　我们是从何而来呢？有关这一问题，相信很多人都认真地思考过。世间万物，都有自己的源头。当我们抬起头望向天空时，会见到熟悉的喜鹊、麻雀和云雀等自然之灵，会听到从窗外传来的清脆的鸟鸣声，我们与鸟儿共享一片蓝天。你是否好奇过这些美丽的生灵是从何而来的呢？

这些美丽的生灵从何而来?

其实，早在 19 世纪 60 年代，许多科学家就已经开始致力于探索鸟类的起源。1861 年 9 月 30 日，采石工人在德国巴伐利亚采石场发现了一件带羽毛的化石。这件化石标本保存得基本完整，只是头骨部分有缺失，据考古学家推测，地层年代大约在侏罗纪晚期。这件化石标本的发现为鸟类的起源研究提供了重要线索，同时，更有力地支持了伟大的科学家达尔文的生物进化思想，对人类揭开物种演化的神秘面纱具有重要作用。

始祖鸟 ▶

都有羽毛

这个化石标本就是始祖鸟化石。它既显示出原始爬行动物具有牙齿等特征，又显示出现代鸟类具有羽毛等特征。科学界一直普遍认为始祖鸟和鸟类之间存在联系的主要原因就是羽毛。假如石化的羽毛没有被保存下来，始祖鸟很可能不会和鸟类联系在一起。

红脚隼 ▶

4

中华龙鸟

　　1996 年，在我国辽宁北票四合屯发现了一件保存精美的化石标本，不仅保存了骨骼、巩膜环甚至内脏印痕，还有丝状结构的羽毛痕迹，所以给它取名为中华龙鸟，拉丁名为 *Sinosauropteryx*，意为"来自中国的长有翅膀的蜥蜴"。

▲
中华龙鸟化石

　　早先中华龙鸟被认为是一种原始鸟类，但随着研究的深入，古生物学家发现这种丝状结构的羽毛和现代鸟类的羽毛有一定的差异，而它的身体大小和形态特征却和小型兽脚类恐龙——美颌龙相似，所以最终认定中华龙鸟是一种恐龙。

中华龙鸟化石标本是极其珍贵的过渡类型化石标本，它的发现为鸟类的恐龙起源假说提供了直接依据。这一假说可以追溯到 1870 年，英国博物学家赫胥黎发现鸵鸟的后腿结构与小型兽脚类恐龙的后腿结构的共同特点有 35 处之多。之后又相继发现了原始热河鸟、孔子鸟和辽宁鸟等珍稀化石，使得越来越多的人相信鸟类是恐龙的后代，它们侥幸躲过了 6600 万年前的生物大绝灭，逐渐演变成现在的鸟类。

◀中华龙鸟

◀热河鸟

◀孔子鸟

　　关于鸟类的起源在科学界一直众说纷纭，早先的假说有"槽齿类起源说"，认为恐龙和现代鸟类有着共同的祖先，不可能是直接的进化关系；还有"鳄类起源说"，认为鳄类和现代鸟类都是羊膜卵动物，有着共同的祖先。随着时间的推移，我们会发现更多的古鸟类化石标本或者过渡类型的化石标本，它们将为鸟类的起源提供更多线索。当然也有待每一个人去探索发现。

鸟类的飞行

　　清代诗人高鼎在《村居》一诗中写道："儿童散学归来早，忙趁东风放纸鸢。"纸鸢承载了古人的飞翔梦，是世界上最早有关飞行的发明。千百年来，人类一直试图突破自身的局限，希望能像鸟类一样征服蓝天。为了冲上天空，人类进行了许多尝试。

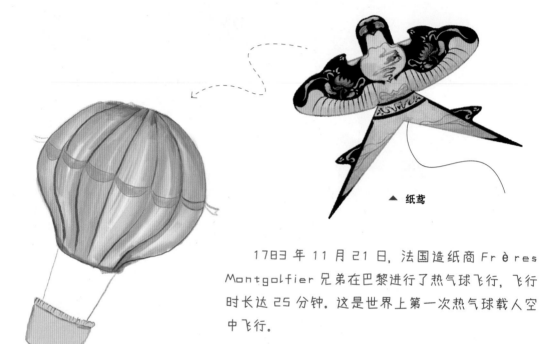

▲ 纸鸢

　　1783 年 11 月 21 日，法国造纸商 Frères Montgolfier 兄弟在巴黎进行了热气球飞行，飞行时长达 25 分钟。这是世界上第一次热气球载人空中飞行。

▲ 热气球

　　1903 年 12 月 17 日，美国莱特兄弟制造的"飞行者一号"成功试飞，飞机在 12 秒内飞行 120 英尺（约 36.6 米），这是世界上第一架有动力的载人飞机。自此之后，人类也可以像鸟类一样在天空中自由翱翔。

▲ 双翼飞机

鸟类为什么会飞行呢?

我猜你定会大声说出:"因为它们有翅膀啊!"1020 年,有一位修道士模仿鸟类制造出了翅膀,他从屋顶上往下跳, 结果身负重伤。由此看来,想要飞行光有翅膀是不够的。

其实鸟类可以飞行与它们的身体结构密切相关。翅膀是鸟类拥有独特飞行技能的首要条件。它们的翅膀强壮、轻盈,可以使它们灵活地飞行。从侧面看,鸟类的翅膀呈流线型,上、下面的弯曲程度不同。当气流通过翅膀时,翅膀上方的气压低于下方,从而产生压力差,为鸟类提供上升力。

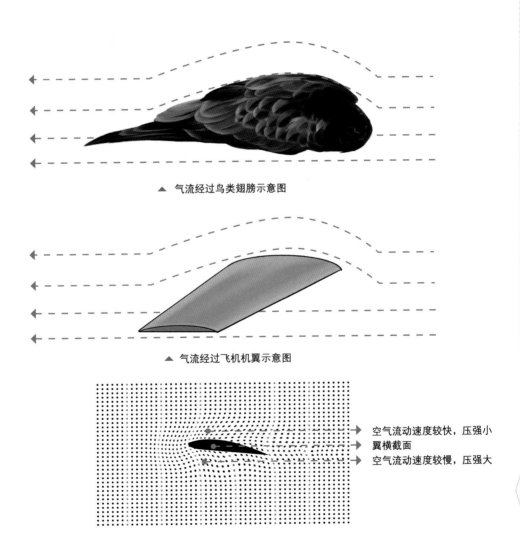

▲ 气流经过鸟类翅膀示意图

▲ 气流经过飞机机翼示意图

空气流动速度较快,压强小
翼横截面
空气流动速度较慢,压强大

(空气流动速度差导致的压力差是升力的来源)

不同的鸟类，不同的翅膀，不同的飞行方式

大斑啄木鸟那对宽阔的圆形翅膀不仅可以灵敏地转向，还可以提供充足的加速度，这样既有利于它们能够敏捷地捕获猎物，又可以保护自己。

▲ 啄木鸟的翅膀

普通雨燕那对纤长弯曲的翅膀不仅有利于雨燕长时间飞行，还可以完成许多高难度动作。

▲ 普通雨燕的翅膀

还有一些鸟类，如猫头鹰，它们的翅膀光滑柔软，可以减小拍打所产生的振动和噪音。

▲ 猫头鹰的翅膀

▲ 鸟类的骨骼

除此之外，鸟类又硬又细又轻的骨骼也是飞行的必要条件之一。鸟类的骨骼约占身体比重的5%，有些骨头中空，但并不是所有的骨头都是这样。比如鸟类可以轻松地完成起飞、跳跃和奔跑等一系列动作，依靠的则是强壮的腿骨；而飞行的主要力量则来自胸肌，它就附着在发达的龙骨突上。

鸟类飞行的另一大秘技则是高效的呼吸系统，它就像发动机似的为鸟类提供动力，使它们可以自由地在高空中飞翔。鸟类身体约五分之一的空间被气囊占据，在它们吸气时，一部分新鲜空气会进入肺部进行气体交换，另一部分则会直接进入气囊储存起来；当它们呼气时，储存的新鲜空气会先进入肺部，再排出体外。这种独特的"双重呼吸"方式可以满足鸟类飞行时所需的大量氧气。

气囊

▲ 鸟的气囊

飞羽

尾羽

▲ 大天鹅

除上述几点之外，羽毛对鸟类的飞行也发挥着重要作用。你知道吗？一只成年天鹅的身上竟有约 2.5 万根羽毛！它们主要分为四种类型，每种羽毛有不同的作用。绒羽紧贴皮肤，十分柔软，具有保温的作用；体羽使鸟类的身体呈流线型，可减小飞行时的空气阻力；尾羽可以控制飞行的方向，使身体保持平衡；飞羽不仅坚固而且轻盈有韧性，可以使空气顺畅流过，为飞行提供主要动力。

由此看来，鸟类几乎具备了所有适于飞行的条件，才能自由翱翔于天际。

鸟类的六大生态类群

　　鸟类在世界上的分布极为广泛，世界上的鸟类有10000种左右。我国的鸟类有1000多种，根据它们的生活环境和生活习性可分为六大生态类群，即游禽、涉禽、猛禽、陆禽、鸣禽和攀禽。

普通鸬鹚 ▶

▲ 疣鼻天鹅

游禽

　　游禽趾间有蹼，大部分成员有发达的尾脂腺，可以将分泌出的油脂涂抹在全身使羽毛不被浸湿，只有少数鸟类需要在潜水后晾晒羽毛。它们的嘴大多呈扁平或钩状，双腿的位置偏靠身体后侧。

涉禽

　　涉禽是常在水域周围活动但不会游泳的鸟类，它们多具有"三长"的特点，即腿长、嘴长和颈长。涉禽的"大长腿"可以帮助它们在较深的水域觅食。有些涉禽的趾间具蹼，但与游禽不同的是，涉禽的蹼为半蹼，只存在于它们前趾间的基部。

◀ 苍鹭

◀ 反嘴鹬

猛禽

猛禽的战斗力很强，为掠食性鸟类。它们的嘴与爪常呈钩状，十分尖利，视觉器官也十分发达，算是鸟类中的"战斗机"。

◀ 秃鹫

◀ 短趾雕

陆禽

陆禽是生活在陆地上的鸟类，通常飞行能力不强，健壮的后肢十分适合在陆地上行走与奔跑。它们的喙比较短小，常在地面或矮小的树木上寻找食物。

鸣禽

鸣禽中的大部分成员体型偏小，它们拥有发达的发声器官（鸣肌和鸣管），可以发出变化多样且极具特色的声音。

◀ 黑琴鸡

大山雀 ▶

攀禽

攀禽是善于攀援的鸟类，为了适应环境，它们的脚趾变得十分多样，如对趾足、前趾足、并趾足和异趾足等。除了双足外，有的鸟类还拥有着"第三个足"，如啄木鸟的尾羽和鹦鹉的喙都有使身体更加稳定的功能。

戴胜 ▶

大杜鹃 ▶

———— • • • ————

　　鸣禽是六大生态类群中数量最多的一类，它们有发达的鸣肌和鸣管，身形比较小巧，善于鸣叫。鸣禽的叫声婉转多变、悦耳动听，通过叫声还可以传递出不同的信息，如警告和求偶等。

内蒙古常见鸟类
手绘图鉴

无冕歌王

鸣禽篇

黑枕黄鹂

Oriolus chinensis

雀形目·黄鹂科 LC

黑枕黄鹂通体呈金黄色，
尾巴呈黑色，眼部至枕部
有一条黑纹，形成环状，
所以被称为黑枕黄鹂。

喙粉红色

虹膜红色

贯眼纹黑色

♂

哺育

繁殖行为

　　每年的 5 月黑枕黄鹂进入繁殖期。雌鸟和雄鸟会在林间追逐，当雌鸟停下来时，雄鸟就会在不远的枝头上和雌鸟你一句我一句地对歌，声音清脆婉转。求偶成功后，它们还会在林间飞行，为筑巢选址。选好营巢位置之后，它们又会站在树上对鸣，好像在庆祝即将到来的新生活。

黑枕黄鹂一般会在阔叶树的水平树杈间用棉、麻、枯草等编成一个吊篮状的巢，巢口向上。

黑枕黄鹂的领地意识很强，如果有外来者，它们会立刻发起进攻，把对方赶出去。

▲ 相互喂食

📍 分布图

▨ 夏候鸟

生活习性

juv.

黑枕黄鹂经常单独活动，进入繁殖期后多成对活动。

黑枕黄鹂不仅有艳丽的外表，还有如流水般清脆婉转的声音。它们的声音变化多样，而且还可以模仿其他鸟类的叫声。黑枕黄鹂一般喜欢吃昆虫、浆果等，它们还可以吸食刺桐花的花蜜。

你知道吗？

在古代文人墨客的眼中，黄鹂是春天的使者，代表着生机勃勃。"两个黄鹂鸣翠柳，一行白鹭上青天"就出自唐代诗人杜甫的《绝句》，诗中描绘出一派朝气蓬勃的景象，让我们仿佛置身于丛林绿水间，感受大自然的生机盎然。

16

黑卷尾

Dicrurus macrocercus

雀形目·卷尾科

黑卷尾是一种十分记仇的鸟，如果有动物侵入它们的巢穴或者吓唬它们，就会遭到它们的报复，时长可达几年之久。

虹膜棕红色

♂

▲ 尾部

D. m. cathoecus

形态特征

　　黑卷尾，一听名字就可以知道这种鸟的特点。它们一身漆黑，背部和胸部散发出蓝紫色的金属光泽。它们尾羽呈剪刀状，长并带有蓝绿色的金属光泽，最外侧的尾羽略向上弯曲。雌鸟和雄鸟羽色相似。

繁殖行为

　　黑卷尾比较凶猛，是一种好斗的鸟类。每年的6月黑卷尾进入繁殖期。它们会通过叫声宣告自己的领域。一旦有其他鸟类入侵，雌鸟和雄鸟就会猛扑下来，啄击、扇打入侵者，将它们赶到很远的地方。

▲　栖息环境

分布图

　　夏候鸟

生活习性

◀　警惕

你知道吗？

　　黑卷尾喜欢在清晨的时候鸣叫，而且特别准时，所以又被称作"黑黎鸡"。虽然黑卷尾特别凶猛，但它们的声音特别好听，还可以模仿其他鸟类的叫声，甚至还可以像八哥一样模仿人类的语言，所以又被称为"野八哥"。

　　黑卷尾经常在清晨时鸣叫，叫声变化多样。在遇到危险的时候，它们的声音极具穿透性，以此来驱赶敌人。

　　它们平时会站在枝头或者电线上，一旦发现蝼蛄和蝗虫等猎物，就会俯冲直下，然后又飞到高处。

　　黑卷尾会用嘴巴啄或者用翅膀拍打侵犯它们的人，甚至还会拉屎攻击，虽然伤害性不大，但是侮辱性极强。

红尾伯劳

Lanius cristatus

雀形目·伯劳科 _{LC}

红尾伯劳的羽色并不艳丽，但它们的叫声却让人听着十分愉悦，不过它们可是一种性情凶猛的鸟类。

喙黑色

虹膜暗褐色

▲ 张望

L. c. lucionensis

形态特征

红尾伯劳雌鸟和雄鸟羽色相似，上体呈浅红褐色或灰褐色，下体呈棕白色，眉纹呈白色，尾羽呈棕褐色。它们戴着宽宽的黑色"眼罩"。幼鸟和成鸟羽色相似，但背部布满深褐色的鳞状斑纹。

19

 **繁殖行为**

每年的5月红尾伯劳进入繁殖期。雌鸟负责孵卵，而雄鸟为了让雌鸟得到更丰富的营养，就会不停地捕食，甚至自己还在忍饥挨饿，也要把食物喂给雌鸟。

📍 **分布图**

▨ 夏候鸟

▲ 哺育

 生活习性

▲ 飞行

你知道吗？

红尾伯劳喜欢把蝗虫、蝼蛄和蜥蜴等串在树杈上，然后吃掉它们身体柔软的部分，剩余部分则挂在树上。它们在幼鸟时期就会把食物挂在巢穴内的尖刺物上撕食。

红尾伯劳常喜欢单独活动，进入繁殖期后常成对活动。

它们的领地意识较强，会根据叫声传播的范围来划分领地。当其他鸟类进入自己的领地时，它们就会将入侵者赶到很远的地方。当然，在此过程中避免不了争斗，但是对于红尾伯劳来说，领地是重要的捕猎场所，绝对不能被侵犯。

20

荒漠伯劳

Lanius isabellinus

雀形目·伯劳科 _{LC}

荒漠伯劳是一种生活在荒漠地区的比较另类的鸣禽。它们的眼神和生活习性都酷似猛禽，有钩状的喙、尖利的爪和敏锐的视觉。

虹膜褐色

成鸟喙黑色

♂

▲ 钩状的喙

 **形态特征**

　　荒漠伯劳的雌鸟和雄鸟羽色相似。雄鸟头部和上体偏沙褐色，下体呈浅棕色，有着黑色的过眼纹。幼鸟上体呈沙褐色，布满棕褐色鳞斑，过眼纹呈褐色。

繁殖行为

每年的 4 月荒漠伯劳进入繁殖期。雌鸟和雄鸟会共同用一些树枝、树皮等材料在树上筑巢，里面再铺一些柔软的动物毛发。待雏鸟破壳之后，雌鸟和雄鸟会共同养育后代。

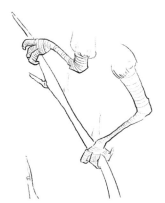

▲ 强壮的后肢

▲ 筑巢

你知道吗？

一些杜鹃会把卵寄生在荒漠伯劳的巢穴中。经过长期的进化，它们的卵和荒漠伯劳的卵在颜色和形态上都很相似，从而降低了被荒漠伯劳识别出的可能性。

📍 **分布图**

夏候鸟

生活习性

荒漠伯劳常常站在树上环视四围，察看是否有猎物。一旦发现猎物的身影，它们便会俯冲而下。它们喜欢吃一些蛙类和昆虫等，有时还会捕食比它们体型大的鸟类，所以又被称为"雀中猛禽"。

文化链接

古代的文人墨客常通过鸟类寄托情感，鸟类常出现在古代的诗词中。南朝民歌《西洲曲》中的"日暮伯劳飞，风吹乌臼树"体现了女子孤寂的处境，表达了她的思念之情，所以伯劳成为怀念和离别的代名词。

灰伯劳

Lanius excubitor

雀形目·伯劳科 LC

灰伯劳体型较大，雌雄羽色相似，有着很酷的黑色过眼纹和白色翅斑，上体呈灰色，下体呈白色并带有黑褐色的鳞纹。

虹膜暗褐色

喙黑色

♂

▲ 觅食

L. c. lucionensis

23

 繁殖行为

每年的4月灰伯劳进入繁殖期。雄鸟会在很显眼的树杈上串很多"肉串"——"悬尸示众"。这些猎物的主要作用可不是吃，而是灰伯劳在向其他雄鸟宣告领土的所有权，警示路过的雄鸟不要打这块领地的主意。与此同时，雄鸟通过这些"肉串"向雌鸟炫耀自己

的捕食能力，以引起它们的注意。雄鸟会对着雌鸟鸣叫，并献上一只猎物。接受猎物的雌鸟便会和雄鸟开始筑巢，巢穴一般筑在离地面高度1米左右的地方。

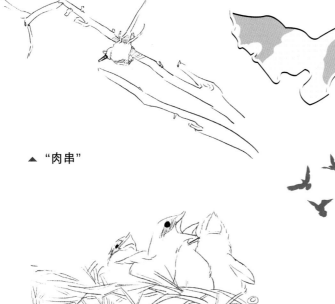

▲ "肉串"

▲ 幼鸟

生活习性

灰伯劳性情凶猛，食性广泛，它们喜欢吃一些小型哺乳类动物、昆虫和鸟类等。

它们的爪很小，不像猛禽的爪可以撕碎猎物，所以灰伯劳会将猎物挂在树枝或者尖刺上，像"肉串"一样，这样不仅可以把猎物杀死，还方便它们啄食。这看上去仿佛处刑现场，因而它们也被称为"屠夫鸟"。

你知道吗？

据《左传》记载，黄帝的长子少昊十分重视节令与气候，并以鸟为图腾，以鸟名为部落名。他根据鸟类的迁徙时间制定了历法：凤凰为百鸟之首，燕子掌管春分和秋分，伯劳掌管夏至和冬至，鹦雀掌管立春和立夏，锦鸡掌管立秋和立冬。

24

楔尾伯劳

Lanius sphenocercus

雀形目·伯劳科 (LC)

一听楔尾伯劳的名字，就不难猜到它们的尾巴呈楔形。楔尾伯劳常捕食一些小型的脊椎动物，如蜥蜴。

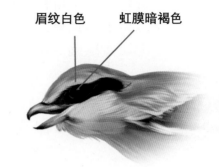

眉纹白色　　虹膜暗褐色

▲ 幼鸟

L. s. sphenocercus

♂

形态特征

　　楔尾伯劳是伯劳家族中体型最大的成员，体长一般为25~31厘米。楔尾伯劳上体呈灰色，下体呈白色，翅膀上有白色斑块。雌鸟和雄鸟羽色相似，有较宽的白色眉纹和黑色贯眼纹。

繁殖行为

每年的 4 月楔尾伯劳进入繁殖期。雄鸟会发出 "ga ga ga" 声追逐雌鸟。结为伴侣的楔尾伯劳会衔一些树枝、枯草等材料筑一个杯状的巢，里边再垫一些柔软的动物毛发和纸屑等。

📍 **分布图**

　夏候鸟

▲ 警惕

文化链接

你知道吗？

你知道楔尾伯劳和灰伯劳的区别吗？

楔尾伯劳体型比灰伯劳大，而且飞羽上的白色斑块也比灰伯劳大；楔尾伯劳飞行时尾羽呈楔形，而灰伯劳飞行时的尾羽为圆形。

▲ 飞行

在南朝梁武帝所作的《乐府诗集·东飞伯劳歌》中有一句"东飞伯劳西飞燕，黄姑织女时相见"，成语"劳燕分飞"便来源于此，比喻夫妻、情侣之间的离别之情。"劳"指伯劳，"燕"指家燕。因为家燕出现在春暖花开的时节，待天冷的时候就离开，而伯劳在天冷的时候才出现，春暖花开的时节便离去，它们只有短暂的相遇，所以伯劳便成为"离别"的代名词。

26

灰喜鹊

Cyanopica cyanus

雀形目·鸦科 (LC)

灰喜鹊属中只有灰喜鹊这
一种鸟类，也算是物以稀
为贵。虽然它们在的名声
不及喜鹊响亮，比较低调，
但它们是山东和安徽两省
的省鸟。

虹膜暗褐色

喙黑色

♂

▲ 群体生活

 形态特征

    灰喜鹊，乍一听名字还以为它们是一种灰色的喜鹊，不过千万
不要被这个名字所迷惑。虽然灰喜鹊和喜鹊一样都有长长的尾巴，而
且叫声相似，但是它们之间的差别可不是一星半点儿。灰喜鹊雌鸟和
雄鸟羽色相似，背部呈淡银灰色，翅膀和尾巴散发着蓝灰色的金属光
泽，中央尾羽末端呈白色，下体呈灰白色，给人一种清新淡雅的感觉。

 **繁殖行为**

　　每年的 5 月灰喜鹊进入繁殖期。亲鸟为了保护雏鸟会变得更加凶猛。不过，它们的巢简直就是一个"豆腐渣"工程：主要用一些枯树枝堆在一起，又小又浅又松。

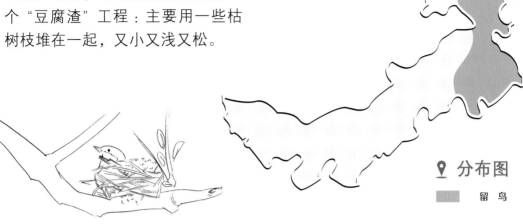

📍 **分布图**

　　　留鸟

▲　筑巢

 生活习性

　　灰喜鹊总是成群活动，它们的战斗力极强。当一只灰喜鹊遇到危险时，便会发出请求支援的叫声，其他灰喜鹊听到后就会立刻赶来。

　　灰喜鹊喜欢吃松毛虫等昆虫，偶尔也会荤素搭配，吃一些植物的种子。调查研究表明：一只灰喜鹊在一年内可以吃掉 15000 多条松毛虫等一些农、林业害虫。

▲　飞行

你知道吗？

　　灰喜鹊的拉丁属名是 *Cyanopica*，把这个词拆分来看，前半部分"Cyano"在拉丁语中意为"青金石"，形容青金石那种漂亮的蓝色；"pica"读起来不免会想起那只萌萌的皮卡丘，不过"pica"和皮卡丘并没有什么关系，而是专指喜鹊。

28

喜鹊

Pica serica

雀形目·鸦科 (LC)

喜鹊，一听这个名字就感到喜气洋洋。民间一直流传着它们具有报喜的特质。

虹膜暗褐色

喙黑色

♂

▲ 飞行

 形态特征

　　喜鹊的背部呈黑色，下体呈白色，腰部呈灰白色，翅膀带有蓝色的金属光泽，尾较长，是一种羽色具有层次感的鸟类。雌鸟和雄鸟羽色相似。

繁殖行为

喜鹊喜欢将巢筑在高大的乔木上，当巢的中部搭建完成之后，它们还会衔泥加固巢的底部，接着在泥盘上筑内巢。它们的巢结构十分精巧，而这一项浩大的工程需要耗时两个月之久。

📍 **分布图**

███ 留鸟

▲ 求偶

▲ 觅食

生活习性

喜鹊常成小群体活动。它们的胆子比较大，不怕人，所以是生活中比较常见的鸟类。不过，千万不要以为喜鹊是好惹的，它们的脾气可不好，一旦受到侵犯，它们会立刻反击。

喜鹊食性比较杂，喜欢吃松毛虫和蚱蜢等，甚至还会吃其他鸟类的鸟蛋和刚刚出生的雏鸟，偶尔也会吃一些农作物。喜鹊在觅食的时候总会有一个"哨兵"，如果情况异常就会发出警报声。

它们飞行时尾巴和身体会保持水平，边飞边发出"chark-chark"的声音。

你知道吗？

喜鹊在中国的传统文化中十分受欢迎。它们经常是画中的主角，"喜鹊登梅"便是传统吉祥图案之一。除此之外，喜鹊还寓意着团圆。在民间故事《牛郎织女》中，是喜鹊飞上银河搭成一座鹊桥，才得以让牛郎和织女见面。

黑尾地鸦

Podoces hendersoni

雀形目·鸦科 LC

黑尾地鸦主要生活在荒漠、戈壁等一些比较干旱的地方，所以经过长时间的进化，它们掌握了生存的"法宝"。

喙略弯曲
呈黑色

虹膜深褐色

▲ 奔跑

♂

31

形态特征

　　我们常常听人说"天下乌鸦一般黑"，可是黑尾地鸦却不黑。它们几乎通体为沙褐色，背部和腰部羽毛带有酒红色，额、头顶、枕后、翅和尾部为黑色并具有蓝色的金属光泽，头侧呈乳黄色。雌鸟和雄鸟羽色相似。黑尾地鸦的嘴长而弯曲，有利于挖掘。

繁殖行为

　　每年的4月黑尾地鸦进入繁殖期。它们会用枯枝将鸟巢筑于树上，待幼鸟长大之后也不会离开巢区。它们常以家庭为单位活动，有固定的领地。

📍 **分布图**

　　　　留鸟

▲　觅食

生活习性

　　黑尾地鸦主要吃蝗虫和蜥蜴等。它们喜欢在公路边捡食，还会储藏食物以备不时之需。在发现食物的时候，它们并不急着填饱肚子，而是先搬运和埋藏食物，不给风沙或者其他动物留机会。

　　黑尾地鸦很少远飞，除非情况紧急。它们的腿很健壮，可以在地面上快速奔跑。黑尾地鸦喜欢刨土，稠密的鼻羽可以防止风沙进入鼻孔。

▲　栖息

你知道吗？

　　黑尾地鸦不仅腿长，而且脚趾也很长，这样的构造使受力面积比较大，有利于它们在沙漠中奔跑，而无须担心陷入沙子中。

32

星鸦

Nucifraga caryocatactes

雀形目·鸦科 (LC)

星鸦体长约 35 厘米，展翅可达 55 厘米，飞行的时候可以看到明显的白色尾羽和尾下覆羽。

喙黑色　　虹膜暗褐色

▲ 张望

♂

N. c. macrorhynchos

33

形态特征

　　星鸦体羽呈咖啡色，上体从头部至腰部散布着白色斑点，下体的白色斑点延伸至下腹部，较为密集，好似夜空中闪烁的繁星，所以被称为"星鸦"。

 **繁殖行为**

结为伴侣的星鸦会占据一片森林，选择在离地面高度 10 米以上的针叶树上用干草和树枝等筑巢。雌雄鸟轮流孵卵。

📍 **分布图**

■ 留 鸟

生活习性

▲ 求偶

▲ 颊囊塞满种子后

星鸦的嘴巴粗壮有力，如匕首一般，所以它们的头部看起来特别重，而这些构造与它们的食性有关。星鸦喜欢吃松子，粗壮的嘴不仅可以啄食，还可以夹碎松子坚硬的果壳。秋天的时候，它们会把松子藏在树洞、树皮和石缝等多个地方分散储存，一只星鸦的储藏点可能多达 20000 个。令人佩服的是，一年之后，它们还会清晰地记住这些地点。

星鸦喜欢单独或者成对活动，很少停留在地面上。

红嘴山鸦

Pyrrhocorax pyrrhocorax

雀形目·鸦科 LC

红嘴山鸦的名字中除了"红"字，还有一个字是"山"，说明它们主要生活在山地和丘陵地带。

虹膜褐色

喙朱红色

♂

▲ 飞行

特征概述

　　红嘴山鸦有着很强的适应能力，在海拔4000多米的地方都可以见到它们的身影。红嘴山鸦有独特的飞行技能，如急速俯冲、快速转弯等。它们向上飞行之后会滑翔一段距离，翼指张开，姿态平缓，好像在故意炫耀自己高超的飞行技巧，俯冲的时候又会将翅膀弓起并向后折叠。

形态特征

红嘴山鸦通体黑色，泛着蓝色的金属光泽，羽毛十分光滑。它们显眼的朱红色嘴巴又细又长，点缀了如墨般的羽色。雌鸟和雄鸟羽色相似。幼鸟嘴巴呈橙黄色。红嘴山鸦翅尖较宽，基本可以看到6枚翼指。

📍 **分布图**

■ 留鸟

▲ 求偶

juv.

生活习性

红嘴山鸦常成对或者集体活动。它们会用嘴翻开植被，从土壤中挖掘食物。它们食谱上的肉食类一般有天牛、蚊子和蚂蚁等昆虫，素食类有植物的种子、嫩芽和果实等。

红嘴山鸦性格活泼，喜欢鸣叫，经常发出极具穿透力的空灵的"啾啾"声。

你知道吗？

被人类驯服的红嘴山鸦不仅可以模仿人类说话，还可以陪主人下地劳作，在主人的周围捕虫、飞舞，是很称职的"小跟班"。

达乌里寒鸦

Corvus dauuricus

雀形目·鸦科

达乌里寒鸦属于鸦科鸦属，
是地地道道的"乌鸦"。

喙黑色，较短

虹膜黑褐色

▲ 正面形态

形态特征

　　达乌里寒鸦的体羽呈黑色，腹部呈白色，颈部有白色的颈环。
雌鸟和雄鸟羽色相似。第一年冬羽通体黑色，直到第二年秋季才会
换羽，变为黑与灰白相间。

 **繁殖行为**

每年的4月达乌里寒鸦进入繁殖期。它们在悬崖的崖壁或者树洞中用枯树枝筑巢。在雌鸟孵卵的时候，雄鸟会给雌鸟喂食。

📍 **分布图**

▨ 夏候鸟

▲ 筑巢

▲ 群体活动

生活习性

达乌里寒鸦在地面上的时候，总是昂首挺胸，迈着大步前进。它们喜欢群居，尤其在北方的冬天，经常可以看到几十只甚至多达数万只的寒鸦，它们发出尖细短促的"嘎嘎"声，飞过天空。

达乌里寒鸦属于杂食性鸟类，取食范围特别广，垃圾、腐肉和各种昆虫等都是它们的最爱。

文化链接

南宋词人辛弃疾的《鹧鸪天·代人赋》中有关寒鸦的诗句："晚日寒鸦一片愁，柳塘新绿却温柔"。

你知道吗?

民间传说达乌里寒鸦的幼鸟在出壳后需要亲鸟哺育60天，待它们长大后则会反哺亲鸟60天，所以《本草纲目》中将达乌里寒鸦命名为"慈鸟"和"孝鸟"。但经鸟类学家野外观察证实，这个美丽的民间传说并没有根据。

秃鼻乌鸦

Corvus frugilegus

雀形目·鸦科 LC

秃鼻乌鸦在鸟类的智商排名中名列前茅，它们可以制造并使用工具。"乌鸦喝水"的行为已经不足为奇了。

喙黑色，没有鼻羽

虹膜黑褐色

▲ 用树枝钩取食物

♂

C. f. pastinator

 **特征概述**

　　秃鼻乌鸦会把树枝加工成钩子，伸进树洞或者一些缝隙中觅食。它们还有"人脸识别"能力，可以识别出不同的人脸。甚至有人观察到它们会为死去的同伴举行"葬礼"，把草编成环状，盖在死去的同伴身上，全体哀鸣。

形态特征

秃鼻乌鸦的鼻孔周围没有鼻羽，所以称为"秃鼻"。它们的头部比较突出，羽色乌黑，羽毛蓬松，像是穿了一件大号的T恤。雌鸟和雄鸟羽色相似。不过亚成体的鼻孔周边还有羽毛，没有"秃"。

📍 分布图

▨ 夏候鸟

▧ 冬候鸟

▲ 群体活动

▲ 觅食

生活习性

秃鼻乌鸦特别喜欢集体生活，繁殖期也不例外。它们更偏好农田和湿地等环境，很少进城。它们的胆子比较大，不畏人。

它们喜欢吃一些腐肉和青蛙等，而且还会用嘴戳地面寻找植物的种子。

它们走起路来左摇右晃，看起来憨态可掬，人畜无害。但它们可是相当记仇的，如果有人对它们造成威胁，它们就会牢牢记住这张脸，并且在同伴之间相互转告，采用各种"手段"报复。

你知道吗？

在法国的普德赋主题公园中有6只秃鼻乌鸦。也许你会想，这有什么大惊小怪的？可它们是经过专业培训的乌鸦，是主题公园中的"员工"。它们每周"工作"四天，负责捡拾游客遗留下的垃圾。

40

小嘴乌鸦

Corvus corone

雀形目·鸦科 LC

小嘴乌鸦的足很结实，既可以交替行走，又可以蹦着前进。它们站姿笔挺，走路笔直，看起来颇具威严。

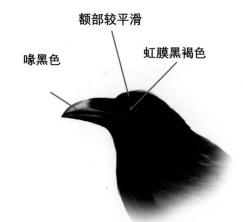

额部较平滑

喙黑色

虹膜黑褐色

♂

▲ 鸣叫

形态特征

小嘴乌鸦的羽毛紧凑而贴身，通体漆黑色并带有蓝色和紫色的金属光泽。雌鸟和雄鸟羽色相似。它们的嘴部比大嘴乌鸦更细小，所以称为小嘴乌鸦。它们的鼻孔被鼻羽覆盖，可防止挖掘埋藏在地下的食物时有沙子进入。

繁殖行为

每年的4月小嘴乌鸦进入繁殖期。它们的领地意识较强，会大声鸣叫并且上下摆动头部，以此来宣示领地主权。

📍 **分布图**

 留 鸟

▲ 张望

生活习性

小嘴乌鸦喜欢在地面上寻找食物，喜欢吃蛙、蜥蜴、腐肉和垃圾杂物等。小嘴乌鸦在吃带有坚硬外壳的食物，比如核桃时，会衔起核桃飞到高空，扔下去，然后迅速飞回地面捡起食物。如果果壳没有破碎，它们会反复进行上述操作，直至果壳碎裂。更有趣的是，它们还会借助外力把核桃抛在车流量较大的马路上，耐心地等待汽车将核桃碾碎，待车走过，再去取食物。

▲ 觅食

你知道吗？

你知道"乌鸦定律"吗？
"乌鸦定律"指想要解决问题得先从改变自身的缺点开始，要时常反省自己，问题才可能解决。

大嘴乌鸦

Corvus macrorhynchos

雀形目·鸦科 (LC)

大嘴乌鸦又叫老鸹，不仅嘴大，还喜欢发出粗哑的"kaa-kaa"声。

额部凸起

虹膜褐色

喙较粗壮

♂

▲ 鸣叫

 形态特征

　　大嘴乌鸦通体黑色，腹部和背部散发出蓝色和紫色的金属光泽。雌鸟和雄鸟羽色相似。它们的嘴比较粗壮，略弯曲；额部呈拱圆形，有明显的凸起，是个"大脑门儿"。

43

生活习性

在北方，大嘴乌鸦喜欢成群出现。它们的活动比较有规律，冬天每到太阳快下山的时候，总会有黑压压的一群乌鸦在空中徘徊。

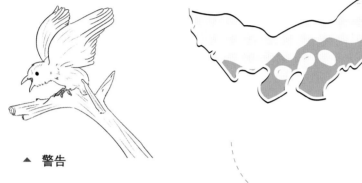

📍 **分布图**

▭ 留 鸟

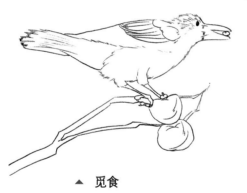

▲ 警告

▲ 觅食

大嘴乌鸦是杂食性鸟类，垃圾、腐尸和昆虫等都会出现在它们的食谱中。大嘴乌鸦粗壮的嘴是它们的取食利器，即使在寒冷的冬天，它们也可以撕扯冻得坚硬的猎物。

大嘴乌鸦会成群驱赶、攻击大型猛禽，抢夺它们的食物。不仅如此，它们还非常调皮，喜欢咬动物的尾巴，小到鸡、鸭，大到猛禽、狮子，它们都敢试一试。

你知道吗？

小嘴乌鸦和大嘴乌鸦仅是一嘴之差吗？

小嘴乌鸦和大嘴乌鸦的区别可不仅仅在嘴的粗细上。小嘴乌鸦的体型比大嘴乌鸦小；小嘴乌鸦的额部比较平滑，大嘴乌鸦的额部明显突起；小嘴乌鸦的嘴基部有鼻毛，大嘴乌鸦的嘴基部只有一点鼻毛。

44

渡鸦

Corvus corax

雀形目·鸦科 Ⓛ

渡鸦是鸦科家族中体型最大的成员，身长可达70厘米，翅膀展开之后可达160厘米，它们喜欢特技飞行。

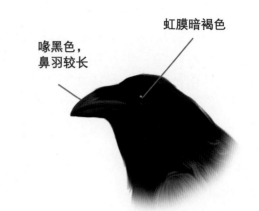

喙黑色，
鼻羽较长

虹膜暗褐色

▲ 鸣叫

 特征概述

渡鸦是不丹王国的国鸟，它们仗着自己的体型大，特别有优越感，总会"欺负"一些其他动物。小动物暂且就不提了，北极熊、狼、老鹰……它们都敢去惹，似乎就没有它们不敢"欺负"的动物。渡鸦是鸟类王国中的智慧担当，它们有着惊人的记忆力和敏锐的观察力。

45

一般情况下，它们除伴侣外没有其他合作对象，所以结为伴侣的渡鸦会合作谋生战胜没有配偶的渡鸦，从而获取地位、食物或领地。对于一些没有伴侣的渡鸦，它们为了保护自己领地和食物，便会去破坏同类的"幸福"。

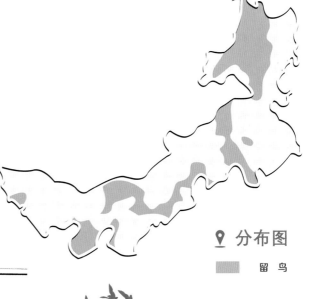

📍 **分布图**

▇ 留鸟

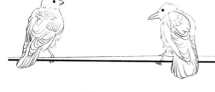

▲ 求偶

1.6 米

▲ 渡鸦展翼长度和身高为 1.6 米的女性对比

你知道吗？

你知道"渡鸦官"吗？

在英国的伦敦塔里有这样一种职位的人，他们只需要细心地照顾渡鸦，给渡鸦喂食、喂水、修剪翅膀等，这个职位便是"渡鸦官"。

生活习性

千万不要认为渡鸦胆子大就是莽夫，它们的智商可能远远超出我们的想象。渡鸦会花费很多的时间储存食物，以备不时之需。在食物匮乏的时候，它们还会跟踪一些犬科动物，趁它们不备抢夺食物。

此外，它们的声音比较独特。当遇到危险时，它们会发出警报的声音；当伴侣外出迟迟未归时，它们会模仿伴侣的声音呼唤伴侣。此外，它们还可以模仿人类的声音。

46

沼泽山雀

Poecile palustris

雀形目·山雀科 LC

听到沼泽山雀的名字，不难想到它们生活在沼泽附近。其实不然，它们喜欢生活在潮湿或者靠近水源的林地。

虹膜褐色

喙黑色

♂

▲ 飞行

形态特征

　　沼泽山雀的身形圆胖，上体呈灰褐色，下体为污白色，上嘴基部有一白斑。它们的头部较小，顶部呈亮黑色，一直延伸到枕部，像戴了一顶黑色的帽子。它们嘴部蓄着黑色的"山羊胡"，很是时尚。

 **繁殖行为**

每年的4月沼泽山雀进入繁殖期。雌鸟会用一些苔藓和树皮等将巢筑在天然的树洞中或者啄木鸟废弃的树洞中。雌鸟在孵卵期间，雄鸟会给雌鸟喂食或者站在树枝上鸣叫。待雏鸟破壳之后，它们会共同育雏。

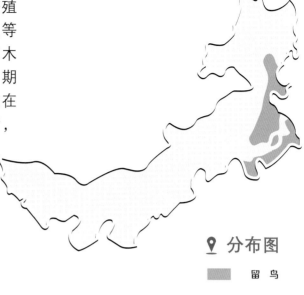

▲ 筑巢

 生活习性

▲ 成对活动

分布图

▮ 留鸟

沼泽山雀在繁殖期常成对活动，其他时候多成小群活动。它们性格比较活泼，常在高大乔木的树冠间觅食，偶尔也在灌木丛中跳跃觅食。它们的爪尖利，不仅可以在光滑的树皮上停留，还可以在树枝上倒悬。

沼泽山雀喜欢吃松毛虫、金龟子和蜘蛛等，有时也会吃一些植物的种子和果实。别看它们个头很小，但是一年可以吃掉上万条虫子。

你知道吗？

山雀家族的成员体型都比较小，嘴巴呈锥状，雌鸟和雄鸟羽色相似，以黑、白、灰、黄和橄榄色为主。它们性格活泼，飞行敏捷，喜欢生活在森林、灌木丛等地。

褐头山雀

Poecile montanus

雀形目·山雀科

褐头山雀头顶部呈黑褐色，
上体呈灰色，下体呈近白色，
喉部呈黑色但黑色区域较小。
雌鸟和雄鸟羽色相似。

虹膜褐色

喉部黑色区
域较小

▲ 张望

P. m. baicalensis

 繁殖行为

　　每年的 4 月褐头山雀进入繁殖期。雌鸟和雄鸟会用枯草茎、枯
草叶等材料在腐朽的树干上筑巢，在里面垫一些动物的毛。约 12 天
左右，巢穴完工，雌鸟负责产卵、孵卵。雄鸟在雌鸟孵卵期间，会

49

把寻来的食物喂给雌鸟。待雏鸟破壳之后，雌鸟和雄鸟会共同养育它们的宝宝。

▲ 求偶

📍 分布图

■ 留鸟

生活习性

褐头山雀多成小群活动，主要生活在沼泽灌丛的潮湿林地或者河道边的灌木丛中。比起沼泽山雀，它们更喜欢在沼泽区域生活。它们性格活泼，常在树枝间来回跳跃。活动的时候，它们会发出"pi ～ si ～ pi ～ si"声，以保持联络。

褐头山雀主要吃甲虫和蜘蛛等，偶尔也会吃一些植物的种子和果实。

▲ 栖息

你知道吗？

你知道沼泽山雀和褐头山雀之间的差别吗？

沼泽山雀的上嘴基部有一白斑，头顶部呈亮黑色，它们不会自己啄洞；褐头山雀的上嘴基部没有白斑，头顶部呈黑褐色或黑色，它们会在腐朽的树干上啄洞。

50

大山雀

Parus cinereus

雀形目·山雀科 (LC)

大山雀的性格很活泼，胆子也很大，有时会出现在市区的公园或者庭院内。

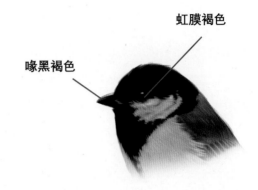

虹膜褐色

喙黑褐色

♂

▲ 正面形态

P. m. minor

 形态特征

　　大山雀体长 14 厘米左右，和麻雀大小差不多，但在山雀家族中属于体型较大的成员，所以被称为大山雀。它们上体呈蓝灰色，下体呈白色，胸、腹有一条宽阔的黑色纵纹与喉部相连，像系了一条领带，十分帅气。雌鸟和雄鸟羽色相似。

51

繁殖行为

每年的4月大山雀进入繁殖期。雄鸟会站在树枝上鸣唱以吸引雌鸟的注意。结为伴侣之后雄鸟会开始占领领地，雌鸟则主要负责筑巢、孵卵，待雏鸟破壳之后，雌鸟和雄鸟会共同育雏。

▲ 求偶

▲ 捕食

📍 **分布图**

■ 留鸟

生活习性

大山雀会根据季节调整自己的食谱，它们的食谱上有毒蛾的幼虫、蜘蛛和植物的种子等。

大山雀喜欢单独或者成小群活动。集群活动的时候，大山雀之间会有地位高低之分：成年雄鸟处于最高的地位，其次是雌鸟，幼鸟的地位最低。地位高的大山雀偶尔会在觅食的时候攻击地位较低的。

大山雀经常会快速地在树枝间来回穿梭跳跃，或者在树林间呈波浪状飞行，还时不时地发出"zizi~wi~zizi~wiwi"声。它们还会将周围的鸟吸引过来，让它们充当自己的"歌迷"。

你知道吗？

你真的认识大山雀吗？

我们常听说僵尸会吃人脑，可僵尸只是人们虚构出来的一种形象。在大自然中就有一种小鸟，看着人畜无害，但喜欢吃大脑。有些大山雀在难以觅食的冬日里，就会吃掉蝙蝠和斑姬鹟的大脑。至于它们为什么会食脑，目前还没有定论。

蒙古百灵

Melanocorypha mongolica

雀形目·百灵科

蒙古百灵是草原上的"歌者"，它们的声音婉转动听，可以用不同的叫声谱写出美妙的乐章。

虹膜灰褐色

颈斑黑色

▲ 头部正面

53

 ## 特征概述

　　蒙古百灵堪称鸟界的"王者"，它们有着特殊的发声装置——鸣管。鸟类不像人类一样靠喉部发声，而是由鸣管和灵活的舌头配合发出鸣叫声。蒙古百灵的鸣管比较发达，鸣肌也比其他鸟类多，有4~9对，而且每侧的鸣肌都可以单独收缩。蒙古百灵的食性较杂，昆虫、草籽和谷物都在它们的食谱上。

繁殖行为

每年的 2 月，雄鸟会竖起羽毛，为心仪的雌鸟献上一首由 10 多种叫声谱出的歌曲。求偶成功后，雄鸟会绕着雌鸟飞翔鸣叫，以此来炫耀。

▲ 飞行

📍 分布图
- 留鸟
- 冬候鸟

▲ 喂食

你知道吗？

蒙古百灵的羽色比较特别，它们的头顶周围有一圈栗红色，胸部有一条宽宽的黑色横带，还有一条醒目的从眼部一直延伸到枕部的棕白色眉纹。飞行时，蒙古百灵的翅膀上会呈现出黑色、白色和栗色，这可是在野外辨识它们的一个重要特征。

🕊🕊🕊 文化链接

提起内蒙古，眼前就会出现一望无际的草原；提起草原，耳边就会想起百灵鸟悦耳动听的歌声。百灵鸟是草原的代表性鸟类，也是内蒙古自治区的区鸟。其实，百灵鸟原先被称作"白翎雀"。因为它们可以模仿许多种声音，不仅可以模仿鸟类的声音，还可以模仿兽类的声音，所以古人认为它们是一种有灵性的鸟，加之"百灵"和"白翎"的读音十分相似，故被称为"白翎雀"。

大短趾百灵

Calandrella brachydactyla

雀形目·百灵科 LC

大短趾百灵的鸣声清脆优美，不仅善于鸣叫还善于模仿，这都源于它们自身过硬的装备——鸣肌、鸣管和灵活的舌头。

虹膜暗褐色

喙黄褐色

♂

▲ 栖息

55

特征概述

　　大短趾百灵声音的强弱、长短可以反映很多信息，比如防御、警示、求偶或者心情的好坏等，都可以通过鸣声来表达。当它们遇到危险的时候，就会发出频率较高而且比较短促的声音，然后马上飞走；当它们向其他雄鸟发出警示时，就会发出更短促的声音，然后马上进攻；当它们求偶的时候，就会发出高亢洪亮的声音以吸引雌鸟。

形态特征

大短趾百灵体长13厘米左右，体型和麻雀差不多，雌雄羽色相似。上体为棕褐色，布满黑色的条纹，胸部为皮黄色，

📍 分布图

夏候鸟

▲ 张望

眉纹为白色，颈侧有黑色斑块。它们的舌头十分灵敏，舌尖分成两个叉，每个叉的尖端再次分叉，所以才能轻松地变换腔调。

 ## 生活习性

▲ 鸣叫

你知道吗？

百灵鸟代表幸福和好运。

大短趾百灵生活在比较干旱的地方，它们身上的"隐身衣"可以和环境融为一体，不易被发现。

大短趾百灵主要以植物的种子、谷物和昆虫为食。

短趾百灵

Calandrella cheleensis

雀形目·百灵科 LC

短趾百灵边飞边发出"prrrt"或者"prrr-rrr-rrr"声，盘旋下飞的时候鸣声变化多端，十分悦耳。

虹膜褐色

喙黄褐色

▲ 觅食

♂

形态特征

　　短趾百灵也被称为"亚洲短趾百灵"，体型较小，有一道白色的眉斑，几乎全身为较深的沙褐色，与大短趾百灵相似。不过它们的腹部很白，颈部没有黑色斑块，胸前分散有一些纵向的细纹。短趾百灵的站姿很挺，就像一个笔挺的模特。

 繁殖行为

每年的5月短趾百灵进入繁殖期。雄鸟拍动着翅膀飞向天空，唱着优美的歌曲求偶。

▲ 飞行

📍 分布图

▦ 留鸟

▦ 夏候鸟

 生活习性

短趾百灵多在地面上活动，它们奔跑迅速。除繁殖期外，一般喜欢在草地或半荒漠地区集体生活，这里为它们提供了充足的食物，不仅有它们喜欢吃的嫩芽和草籽，还有许多种类的昆虫。短趾百灵是名副其实的蝗虫克星，是草原上的"生态保护神"。一对百灵鸟一年可以消灭6万多只蝗虫。

▲ 群体活动

你知道吗？

你知道传统百灵的"叫口"是什么意思吗？

传统百灵的"叫口"讲究"十三套"，也就是需要百灵鸟学会十三种鸟、兽和虫鸣的声音。南、北方在内容和顺序上略有差异，北方主要有麻雀、母鸡、猫、狗、家燕等十三种声音。

凤头百灵

Galerida cristata

雀形目·百灵科 （LC）

凤头百灵的头顶上有一簇又
长又尖的黑色羽毛，形成一
个羽冠，形似凤头，因此得
名凤头百灵。

虹膜深褐色

羽冠较长

♂

▲ 头部正面

59

 形态特征

　　凤头百灵的体型较大，约17厘米，嘴巴较长并稍向下弯曲。它们上
体呈沙褐色，下体呈淡淡的皮黄色，尾巴比较短小。它们在鸣叫时会
把羽冠竖起来。

生活习性

凤头百灵不像家族中的其他成员喜欢在飞行时频繁鸣叫,它们更喜欢在起飞时鸣叫,将多个单音节连成乐谱,然后冲上15米甚至更高的天空后再次鸣叫;它们还

📍 分布图

▨ 留鸟

◀ 飞行

觅食 ▶

会在空中绕很大的一个圈,最后降落。

凤头百灵一般生活在干旱的荒漠、草地或者农耕地,经常短距离低飞或者奔跑。

它们喜欢吃草籽、谷物和昆虫。

文化链接

大部分的凤头百灵不会因季节的变化而迁徙。它们不畏严寒,不畏困苦,对长期生活的土地"情有独钟"。"凄凄幽雀双白翎,飞飞只傍乌桓城"就是元代诗人萨都剌赞美百灵的诗句,歌颂它们即使在天寒地冻的环境下也不会迁徙,勇于适应恶劣环境的精神。

你知道吗?

百灵鸟因其婉转多变的叫声给自己带来了厄运。它们很早就成为观赏笼鸟,失去自由。还有一些人为了满足自己的私欲非法捕猎,这些原因使得百灵鸟的数量急剧减少,所以我们要保护它们。

云雀

Alauda arvensis

雀形目·百灵科 (LC)

云雀在夏末的时候每天会增加 10% 的体重来抵御北方的寒冷，在特别冷的时候还会把自己的体温降到很低以节省能量。

虹膜暗褐色

喙褐色

♂

▲ 头部正面

61

形态特征

　　云雀的叫声活泼悦耳，体型大小和麻雀相似。上体为花褐色，布满黑色的条纹；腹部和尾羽外侧是白色；头部有黑色条纹的冠羽，不过只有在竖起来的时候才比较明显。

生活习性

云雀不仅有令人赞叹的歌喉、曼妙的舞姿，还有非常高超的飞行技巧。它们活泼好动，时而直冲云霄，在高空处悬停并不停地鸣叫，时而又自由落体式下降飞行，临近地面的时候又拔地而起，就像坐云霄飞车一样，惊险刺激。

🔍 **分布图**

▨▨ 夏候鸟

头部侧面 ▲

奔跑 ▲

云雀以地面活动为主，它们十分善于奔跑，喜欢在草丛和沙地之间来回穿梭，享受着"沙浴"带来的惬意。而这样做的目的其实是为了消暑，降低体温，同时还可以清洁羽毛。

云雀在夏末的时候就会长出厚厚的羽毛抵御即将到来的寒冷。换上新羽毛的它们看起来就像一个"小毛球"。

云雀喜欢吃蜘蛛和甲虫等。

你知道吗？

云雀常把巢筑在一个有小草遮蔽的地方，可以隐藏自己。遇到下雪的时候，它们还会躲在树枝下抖抖自己的羽毛，保持体温。

62

角百灵

Eremophila alpestris

雀形目·百灵科 ⓛⓒ

角百灵常栖息于干旱草原、
荒漠以及戈壁滩等生境中，
有很强的适应能力。

虹膜黑褐色　　羽簇黑色

♂

▲ 头部正面

E. a. brandti

 形态特征

　　角百灵的头顶和胸前有一道黑色的横带，而头顶的黑带两端有
2~3枚黑色的羽毛，形成了羽簇，就像长有两只角，所以被称为角百
灵。角百灵的脸颊为黑色，上体为灰褐色，下体为白色。雄鸟和雌
鸟羽色相似，但雌鸟的羽簇不明显，且胸前的黑带较窄。

角百灵的羽色并不鲜艳，如果不听鸣声，常被误认为麻雀。它们不像鹰、隼那样有锋利的爪子可以保护自己，但暗淡的羽色让敌人很难发现它们。

📍 **分布图**

留鸟

夏候鸟

冬候鸟

▲ 巡视

生活习性

角百灵在夏季和秋季的时候喜欢吃昆虫，而冬季会吃一些谷物。

角百灵除遇到危险外，一般情况下不会高飞或者远飞，它们善于悄悄地在地面上奔跑。如果发现异样，它们会一动不动地抬头张望，或者站在比较高的地方巡视四周。

角百灵喜欢在清晨或者傍晚的时候发出"tu-a-li"或"tioli-ti"的声音，声音清脆婉转。它们常把巢穴筑在地表或者植被较少的空地上，周边会用一些牛粪伪装。

觅食 ▲

你知道吗？

科学家在西伯利亚永久冻土中发现了一具4.6万年前的鸟类尸体，经过研究发现，这是一只古老的雌性角百灵的尸体。

文须雀

Panurus biarmicus

雀形目·文须雀科 LC

文须雀喜欢在近水的芦苇丛中成小群活动。

喙橙黄色

虹膜橙黄色

髭纹黑色

♂

▲ 头部正面

形态特征

　　文须雀是一种比较"文雅"的鸟类。它们身形圆胖，尾巴较长。雄鸟头部呈灰色，上体呈棕黄色，脸上有醒目的黑色髭纹，像是戴了一张京剧脸谱。雌鸟的头部呈黄褐色，脸上没有髭纹，其余似雄鸟。

繁殖行为

每年的 4 月文须雀进入繁殖期。它们会用芦苇茎和芦苇叶等材料在芦苇丛下或者倒伏的芦苇堆上筑杯状的巢。雌鸟和雄鸟共同孵卵并养育后代。

▲ 筑巢

◀ 在芦苇上攀爬

📍 分布图

▨ 夏候鸟

生活习性

文须雀性格活泼，行动敏捷，不停地在芦苇丛中跳跃或者在芦苇秆上攀爬。它们尤其喜欢在靠近水面的芦苇下活动，而且时不时地发出清脆的 "qiu qiu qiu" 声，边叫边啄食。它们身体的颜色和芦苇的颜色相似，在芦苇丛中常常看不到它们的身影，只听其声。

文须雀喜欢吃芦苇絮和一些植物的种子，偶尔也会吃蜘蛛和一些昆虫等。

你知道吗？

文须雀常出现在大型的芦苇丛中，它们会在芦苇的较低处或者在芦苇的顶端低空飞行。

东方大苇莺

Acrocephalus orientalis

雀形目·苇莺科 ⓛⓒ

东方大苇莺常单独或者成对
活动。它们喜欢较湿润的气
候环境，经常在芦苇丛或者
近水的草丛中横冲直撞。

虹膜褐色

喙粗大

▲ 觅食

形态特征

　　东方大苇莺的体型较大，它们是一种典型的东方鸟类，有皮黄
色的眉纹、橄榄褐色的上体、米白色的下体，浑身都散发出古典美
的韵味，而且毛茸茸的顶冠在休息的时候还会高高耸起。

 **繁殖行为**

每年的5月东方大苇莺进入繁殖期。雄鸟常站在芦苇顶端放声鸣唱,声音长而清脆,整个芦苇丛都回荡着它们的叫声。待寻得"佳偶"后,它们就筑巢孵卵,养育它们的宝宝。

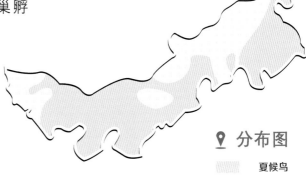

▲ 鸣唱

◀ 沿芦苇秆跳跃

📍 **分布图**

　　夏候鸟

 **生活习性**

东方大苇莺性格活泼,常常沿着一根芦苇秆跳跃,直到顶端。清晨的时候它们常会在巢附近鸣唱,发出"kirr"的声音。它们很机警,附近有人的时候就会隐匿在草丛中或者飞走,并向它们的同伴发出警告。它们的声音洪亮,听着十分霸气。

东方大苇莺的食谱中不仅有蚂蚁、豆娘和蜗牛等,还有一些植物的果实和种子。

你知道吗?

东方大苇莺与大杜鹃之间有"血海深仇",是世代宿敌。大杜鹃会精心策划、害死东方大苇莺的宝宝,但大苇莺却不会察觉,还会悉心照料"仇人"的宝宝。

68

黑眉苇莺

Acrocephalus bistrigiceps

雀形目·苇莺科  LC

黑眉苇莺常常单独或成对活动，在水域附近的灌木丛中常能见到它们的身影。

虹膜暗褐色

眉纹米白色

▲ 觅食

♂

形态特征

　　黑眉苇莺有一道又长又粗的米白色眉纹，上边还加了一点黑褐色，一直延伸至枕部。它们没有鲜艳的外表，上体呈褐色，下体呈白色，两胁带有淡淡的棕黄色。雌鸟和雄鸟羽色相似。

生活习性

黑眉苇莺性格活泼，行动敏捷，可以灵巧地在芦苇丛中来回穿梭或者上下攀援。受到惊扰的时候，它们会短距离飞行，然后运用它们的保护色融到芦苇丛中。

黑眉苇莺喜欢吃蜘蛛、蝗虫和甲虫等一些小型动物。

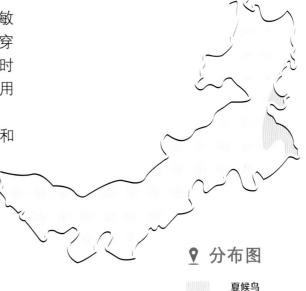

📍 分布图

░░░░░ 夏候鸟

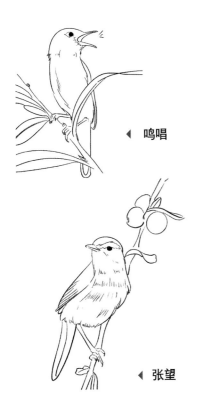

◀ 鸣唱

◀ 张望

繁殖行为

每年的 5 月黑眉苇莺进入繁殖期。雄鸟会站在开阔的草地上发出短促且富有变化的叫声。它们的鸣唱不仅是为了献给雌鸟，赢得它们的青睐，更重要的是向其他鸟类宣示领土主权。黑眉苇莺会将巢筑在芦苇丛中。雌鸟负责孵卵。待雏鸟破壳之后，雌鸟和雄鸟会共同照料它们的宝宝。

你知道吗？

黑眉苇莺和东方大苇莺都喜欢在芦苇丛中筑巢，但是大杜鹃却只会把卵寄生在东方大苇莺的巢中，因为黑眉苇莺有很强的异卵识别能力，它们会将异卵直接丢出去或者干脆"搬家"。

矛斑蝗莺

Locustella lanceolata

雀形目·蝗莺科 LC

除繁殖期外，矛斑蝗莺喜欢单独活动，常常隐蔽在茂密的灌木丛或草丛中。

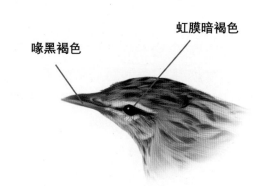

喙黑褐色

虹膜暗褐色

▲ 觅食

♂

形态特征

矛斑蝗莺体型较小，眉纹呈淡黄色，上体呈橄榄褐色，下体呈乳白色，全身布满黑褐色的纵纹。

 **繁殖行为**

每年的 6 月矛斑蝗莺进入繁殖期。雄鸟会在灌木丛顶部或者植物的茎上重复且快速地发出 "gizi gizi gizi" 声，并带有颤音，极似虫鸣，以宣示领地的主权。雌鸟负责在草丛中筑一个隐蔽的巢穴。巢穴筑好之后，雌鸟便开始产卵、孵卵。

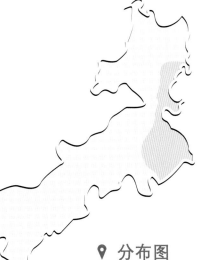

📍 **分布图**

▨ 夏候鸟

鸣叫 ▲

 生活习性

矛斑蝗莺胆子特别小，受到惊吓的时候它们会飞起，但没有飞几米便又钻入草丛中。矛斑蝗莺在灌丛中穿梭的速度非常快，常奔跑或者蹦跳着行走。

矛斑蝗莺是典型的肉食主义者，它们的食谱中有蝗虫和毛虫等昆虫，也有蜘蛛等节肢动物。

▲ 栖息

你知道吗？

蝗莺的叫声与昆虫十分相似，它们的拉丁学名为 "*Locustella*"，这个词正是来源于蝗虫的拉丁文 "*Locusta*"。

72

家燕
Hirundo rustica

雀形目·燕科 (LC)

家燕会在居民的屋檐下筑杯状的巢。筑巢通常需要半个多月的时间以及 1200 多次的飞行。

虹膜暗褐色

喙黑褐色

♂

▲ 觅食

H. r. mandschurica

 **形态特征**

　　家燕脸颊呈棕红色；上体呈蓝黑色，好像穿着一件有金属光泽的燕尾服；下体呈白色，有长长的叉状尾巴和长长的羽带。雄鸟的羽带特别长，用来吸引异性。

生活习性

每年秋季家燕就开始进行长途旅行，举家迁往南方过冬，它们每天可飞行300多公里，次年春天再回来。它们向南迁徙的原因除了寒冷之外，更多的是食物匮乏。

📍 **分布图**

夏候鸟

▲ 幼鸟

飞行 ▶

家燕喜欢吃一些昆虫，如蜻蜓、蚊子和苍蝇等，一个月就可以吃掉几万只昆虫。它们会运用灵活的飞行技巧在半空中捕食猎物。它们有时飞得很高，有时如蜻蜓点水般掠过，动作十分娴熟，还可以急速改变方向。

你知道吗？

你知道下雨前燕子为什么飞得很低吗？

要下雨的时候，空气里的水汽较多，湿度较大，昆虫的翅膀会被水汽沾湿，所以只能低飞，而家燕为了捕食这些昆虫就会飞得很低。

 **文化链接**

古人认为家燕可以带来幸福和吉祥，所以各地有"不打家燕"的说法。

崖沙燕

Riparia riparia

雀形目·燕科 LC

崖沙燕喜欢在沙质的崖壁上凿洞筑巢，所以被称为崖沙燕，它们可是崖壁建筑大师。

虹膜深褐色

喙黑褐色

◀ 求偶

♂

 繁殖行为

崖沙燕的巢穴深度可达60厘米左右，洞口呈椭圆形，这样的洞穴有利于维持巢内的温度稳定。它们的巢洞一个接一个彼此相连，十分壮观。

崖沙燕对筑巢的悬崖非常挑剔：首先要选择距离水源较近的地方，其次沙崖要足够陡峭，最后土壤的黏度要适中，以便它们可以用嘴凿开。

▲ 筑巢

📍 分布图

░ 夏候鸟

▓ 留鸟

生活习性

每年天气寒冷的时候，崖沙燕就会集体迁到温暖的南方过冬。

崖沙燕会为了洞穴而斗争。虽然崖沙燕的雌鸟和雄鸟羽色相似，但是从它们的分工上就可以区分出雄鸟和雌鸟。一般雌鸟衔建筑材料，而雄鸟争夺洞穴。雄鸟对洞穴的争夺常历时很久，从每年的12月开始到次年的2月，而争夺洞穴的实质是在争夺配偶。

崖沙燕喜欢吃一些飞行性昆虫，尤其是低空飞行的昆虫，比如蚊蝇和甲虫等。

◀ 争夺洞穴

你知道吗？

你知道崖沙燕和家燕有什么区别吗？

从筑巢位置区分：家燕喜欢把巢筑在屋檐下面，而崖沙燕喜欢把巢筑在陡峭的崖壁上。从羽色区分：家燕上体呈蓝黑色，而崖沙燕上体呈褐色。

岩燕

Ptyonoprogne rupestris

雀形目·燕科 LC

岩燕喜欢在岩壁或者山崖上筑巢，所以称为岩燕。

喙黑色

虹膜暗褐色

▲ 小岩燕试飞

♂

形态特征

　　岩燕的尾呈方形；尾羽略分叉，上面有一些白色斑点。岩燕的上体呈深褐色，下体呈白色。

生活习性

　　岩燕喜欢生活在靠近水边的岩壁和土壁等地。它们善于飞行，可以在高空飞行的时候捕食一些昆虫。它们喜欢吃蚊蝇和甲虫等，特别是雌鸟在育雏的时候。

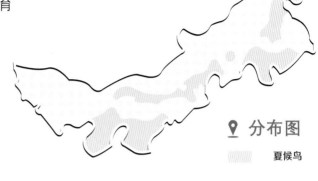

📍 **分布图**

　　夏候鸟

◀ 筑巢

▲ 求偶

繁殖行为

　　每年的5月岩燕进入繁殖期。它们会发出"prrrt"声互相追逐打闹。雄鸟找到心仪的雌鸟后会共同筑巢。它们会从水岸边衔一些泥土和苔藓等，再混合唾液筑成碗状的巢。

　　小岩燕出生后，雌鸟和雄鸟就会变得更为忙碌，不停地捕食昆虫并啄碎喂给嗷嗷待哺的小岩燕。待它们长大一些，雌鸟和雄鸟就会鼓励它们走出巢穴，训练它们的飞行能力。

你知道吗？

　　所有的燕子都会产出"燕窝"吗？
　　燕窝其实就是燕子的口腔分泌出的一种黏稠的胶状物质再混合其他物质所筑成的巢穴，但并不是每种燕子都可以产出可食用的燕窝，就像岩燕的燕窝中所含的杂质较多，就不宜食用，我们常说的燕窝一般来自金丝燕。

金腰燕

Cecropis daurica

雀形目·燕科 LC

金腰燕的腰部呈栗黄色，
飞行的时候非常显眼，就
像戴了一条栗黄色的腰带，
所以称为金腰燕。

虹膜暗褐色

喙黑褐色

颈侧栗黄色

 ♂

▲ 正面形态

C. d. japonica

 形态特征

　　金腰燕体型较小，身长16厘米左右。雌鸟和雄鸟羽色相似，上
体呈蓝黑色，下体呈棕白色，颈侧呈栗黄色，胸前有一些较细的黑
色斑纹，尾巴呈叉状，像一把剪刀。

生活习性

金腰燕性格活泼，体态轻盈，善于飞行，飞行快速且灵活。它们一天中的大部分时间都在飞行。它们会在飞行的时候捕食，喜欢吃蚊子、苍蝇和蚂蚁等。

📍 分布图

▨ 夏候鸟

◀ 飞行

繁殖行为

▲ 求偶

你知道吗？

你知道家燕和金腰燕之间的区别吗？

家燕和金腰燕的上体都呈蓝黑色，但是金腰燕的腰部呈栗黄色；家燕的巢呈碗状，而金腰燕的巢呈长颈瓶状。

每年的 4 月金腰燕进入繁殖期。雄鸟会唱着清脆婉转的"歌"对着雌鸟鸣叫。求偶成功后，它们就会采集一些湿泥含在口中与唾液充分混合，再一点一点地粘成长颈瓶状的泥巢。来年春天金腰燕从南方回来的时候，它们会凭借惊人的记忆力重返故地。如果巢穴没有遭到严重的破坏，并且周围环境也没有太大改变，它们就会稍加修补，准备繁殖后代。

80

褐柳莺

Phylloscopus fuscatus

雀形目·柳莺科 LC

褐柳莺的巢呈球形，
侧上方有一个入口。
在雌鸟孵卵期间，
雄鸟会不停地鸣唱。

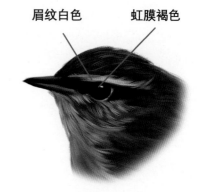

眉纹白色　　虹膜褐色

♂

▲ 鸣唱

 形态特征

　　褐柳莺的外形圆墩墩的，十分可爱，翅膀又短又圆，但这些丝毫不影响它们进行长距离迁徙。它们上体呈褐色或者橄榄褐色，下体呈乳白色，眉纹为白色，后端略沾棕色。雌鸟和雄鸟羽色相似。

繁殖行为

每年的5月褐柳莺进入繁殖期。雄鸟会站在树枝顶部不停地鸣唱，它们会重复地发出"chett、chett、chett"声。寻找到合适的伴侣后，它们会将巢筑在距离地面较高的灌木丛中。

🔍 **分布图**

▨ 夏候鸟

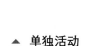

▲ 单独活动

生活习性

褐柳莺除繁殖期外喜欢单独活动，常能在灌木丛、林缘和溪流沿岸等地见到它们。它们性格活泼，喜欢在树枝间跳来跳去，不断地发出"chack、chack"声。它们有时会在空中翱翔，遇到危险时便马上回到树丛中。

褐柳莺会不停地觅食，好像它们的肚子是"无底洞"似的。它们喜欢吃蜂、蚜虫和吉丁虫等昆虫以及昆虫的幼虫。

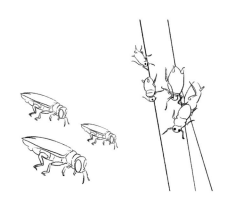

▲ 褐柳莺的食物

你知道吗？

褐柳莺是"一夫多妻"制的鸟类。雄鸟领地的质量、尾部的长短和鸣叫声都会影响它们"后宫"的规模。

黄腰柳莺

Phylloscopus proregulus

雀形目·柳莺科 (LC)

黄腰柳莺的腰部呈柠檬黄色，所以称为黄腰柳莺。

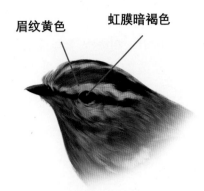

眉纹黄色　　虹膜暗褐色

▲ 正面顶冠纹

♂

形态特征

　　黄腰柳莺上体呈橄榄绿色，下体近白色并沾有一些淡黄色。它们的头部有清晰的淡绿色纵纹，眉纹前端呈黄色、较粗，眼部有一条黑色贯眼纹，翅膀上有两道清晰的柠檬黄色斑。雌鸟和雄鸟羽色相似。

 繁殖行为

每年的5月黄腰柳莺进入繁殖期。雄鸟会站在树木顶端发出清脆响亮的叫声。结为伴侣的雌鸟和雄鸟会在林间相互追逐、打闹。它们共同选址筑巢，巢的位置很隐蔽，还会有植物遮挡。

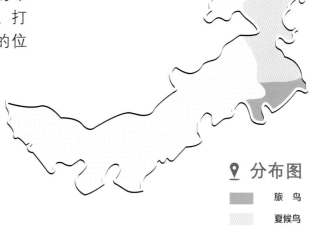

📍 分布图

旅鸟

夏候鸟

▲ 飞行

 生活习性

黄腰柳莺喜欢单独或成对活动。它们性格活泼，行动敏捷，常在高大的树冠层中跳来跳去，茂密的枝叶会将它们娇小的身体遮蔽起来，所以不易被发现。它们有时会站在树木顶端的枝头发出 "ju-ee" 的鸣叫声，声音悠长且变化多样。

黄腰柳莺喜欢吃蚊蝇、蚂蚁、尺蠖等昆虫及一些昆虫的幼虫。

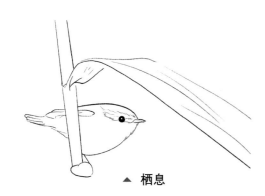

▲ 栖息

你知道吗？

你知道什么是暖雏吗？
暖雏是指雌鸟或者雄鸟用自己的体温保持雏鸟体温恒定，这对于雏鸟能否成活十分重要。黄腰柳莺一般在雏鸟出生7天后日间不再暖雏。

黄眉柳莺
Phylloscopus inornatus

雀形目·柳莺科 Ⓛ

通常情况下黄眉柳莺在筑巢的时候，会由雌鸟负责运送材料，而雄鸟则在旁边陪伴。

虹膜暗褐色

下喙基部淡黄色

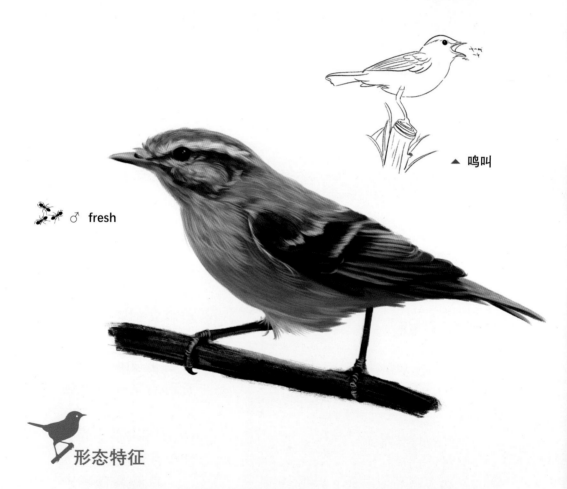

♂ fresh

▲ 鸣叫

85

形态特征

　　黄眉柳莺的头部较大，身体较纤细，像个"大头娃娃"。它们上体呈橄榄绿色，下体白色；头部的顶冠纹若隐若现，有着淡黄色的眉纹；翅膀上有两道白色的翼斑。雌鸟和雄鸟羽色相似。

繁殖行为

每年的5月黄眉柳莺进入繁殖期。雄鸟会站在树枝上鸣唱，吸引雌鸟的注意，当它们找到心仪的雌鸟时，便会低头摆尾，炫耀求偶。黄眉柳莺常在地面上的枯枝落叶层中或者地表凹处筑巢。

▲ 左右摆动

📍 **分布图**

　　旅鸟

　　夏候鸟

生活习性

黄眉柳莺常单独或成小群活动。它们性格活泼，常从一棵树上飞到另一棵树上，或者直接飞到树的下方再向上蹿，又或者不停地在树枝上跳跃，几乎从不停歇。其实黄眉柳莺这样做是为了觅食。它们很少在地面活动，它们通过这种方式主动惊扰这些落在树上的昆虫，然后再去啄食。它们的动作轻巧、灵活，遇到体型比较大的猎物时会将它们摔打弄碎后再吃。

你知道吗？

觅食时，黄眉柳莺为了让自己的视野范围更大，它们会以两个脚为中心点，在树枝上左右摆动身体。

极北柳莺

Phylloscopus borealis

雀形目·柳莺科 **LC**

极北柳莺一般会把巢筑在地面或者树桩上。巢穴主要由草茎和苔藓等编织而成，里面再垫一些柔软的动物毛发。

虹膜暗褐色

上喙深褐色，
下喙黄褐色

▲ 飞行

♂

🐦 形态特征

极北柳莺头部扁平，上体呈橄榄绿色或灰绿色，下体呈污白色。它们有长长的黄白色眉纹，不过没有到达嘴的基部。极北柳莺的翅膀上有两道白色的翼斑。

繁殖行为

每年的6月极北柳莺进入繁殖期。雄鸟常常站在树枝上重复发出"tzik-tzik-tzik"声进行求偶。雌鸟和雄鸟共同选址筑巢。

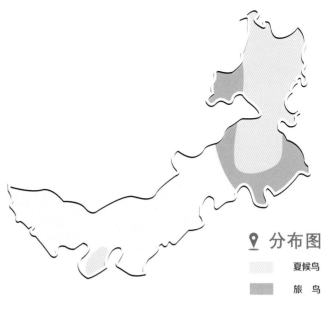

📍 **分布图**

夏候鸟

旅 鸟

◀ 求偶

生活习性

极北柳莺常单独或成对活动。它们常出现在针叶林或灌木丛等地。

它们属于家族中胆子较大、精力较充沛的成员。它们的性格活泼,常在树枝间跳来跳去,不知疲倦。

它们在飞行时会快速地变换飞行高度,也会笔挺地站在树木顶端发出虫鸣般的声音,持续时间较长。

极北柳莺是当之无愧的肉食主义者,它们的主要食物是蛾类等昆虫,其次是蜘蛛。

▲ 觅食

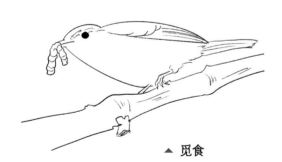

你知道吗?

"莺"类总是很狡猾,它们总是会在树木中快速移动,不断地变换位置,给人一种"惊鸿一瞥"的感觉。

88

灰白喉林莺

Sylvia communis

雀形目·莺鹛科 LC

灰白喉林莺的巢穴距离地面的高度较低，一般为几十厘米。雌鸟产卵之后，雄鸟也会参与孵卵和育雏。

喙峰黑褐色　　　虹膜褐色

♂

▲ 觅食

形态特征

灰白喉林莺的喉部呈白色，上体呈灰褐色，下体呈淡粉红白色，头顶部较尖。雌鸟和雄鸟羽色相似。

繁殖行为

　　每年的5月灰白喉林莺进入繁殖期。雄鸟常常站在树丛顶端鸣唱，以获得雌鸟的青睐。结为伴侣后，雌鸟会选用一些禾本科植物的茎和叶在茂密的灌木丛中筑巢。

▲ 鸣唱

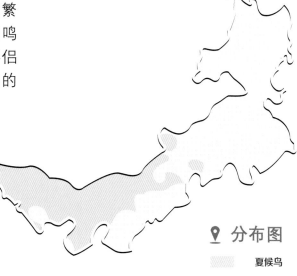

📍 **分布图**

▨ 夏候鸟

生活习性

　　灰白喉林莺除繁殖期外常单独活动。它们经常在溪流、湖泊等开阔的地带出没。

　　它们性格活泼，总会不停地四处移动，而且会发出短暂而沙哑的叫声。它们的好奇心很强，会被"Chearr"声吸引。

　　它们会在灌木丛中觅食，有时也会飞到空中捕食。如果遇到危险，它们就会飞到灌木丛中隐藏。

　　灰白喉林莺主要以蝗虫和毛虫等昆虫为食，偶尔也吃一些浆果和植物的种子。

▲ 栖息

你知道吗？

　　灰白喉林莺在四处移动的时候，身形会保持水平，头部和尾部会频繁地抬起，好像在侦察敌情。

山噪鹛

Garrulax davidi

雀形目·噪鹛科 LC

山噪鹛的羽色单一，一身纯褐色的装扮。善于鸣叫，叫声清脆悦耳，还可以模仿其他鸟类的叫声。

嘴须发达　　虹膜灰褐色

♂

▲ 求偶

繁殖行为

　　每年的5月山噪鹛进入繁殖期。雄鸟会使出浑身解数唱出美妙的歌曲，还伴随着舞蹈——它们高高地翘起尾巴，不停地摆动头部，在树枝间跳来跳去。

山噪鹛一般会将巢筑在灌木丛中，雌鸟和雄鸟筑好巢之后便开始繁衍后代。山噪鹛的卵很漂亮，呈蓝绿色，而且光滑无斑。

▲ 鸣叫

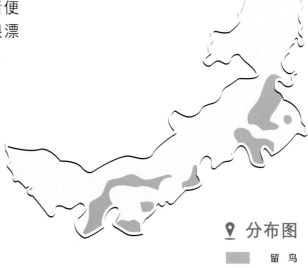

📍 分布图

　留鸟

 生活习性

▲ 栖息

山噪鹛主要生活在山区，通常成小群在矮树林中活动。

它们的性格活泼，而且好奇心很强，常在灌木丛中来回跳跃。

当它们分开觅食的时候，就会发出"diudiudiu"声相互应和，这便是它们独特的联系方式。

山噪鹛荤素通吃，夏秋季会吃一些蝴蝶和飞蛾等昆虫；春冬季，由于昆虫较少，它们就会吃一些植物的种子。

普通䴓

Sitta europaea

雀形目·鸭科 LC

普通䴓体型较小，各亚种之间羽色略有差异。在内蒙古分布着一个亚种，它们的上体呈蓝灰色，下体呈浅棕黄色。

喙黑色

虹膜深褐色

过眼纹黑色

♂

S. e. amurensis

▲ 张望

93

 **特征概述**

普通䴓有三个向前的趾和一个发达强壮的向后的趾，这使得它们成为爬树能手。它们凭借尖锐的前三趾可以向上爬，依靠后趾可以头朝下尾朝上地向下爬。它们甚至还可以绕着树干行走，轻松自如地在树干上上蹿下跳，让"蜘蛛侠"都甘拜下风。

 **繁殖行为**

每年的4月普通䴓进入繁殖期。它们会在啄木鸟废弃的树洞或者天然树洞中筑巢，并且还会用泥抹平巢壁和巢口。

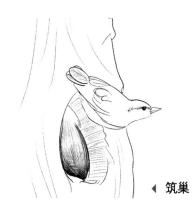

▲ **筑巢**

📍 **分布图**

██ 留鸟

 生活习性

▲ **觅食**

你知道吗？

虽然普通䴓是一种鸣禽，但是它们的攀爬能力一点都不逊色于身为攀禽的啄木鸟，甚至还略高一筹。因为啄木鸟只能向上攀爬，而且在啄树时还需要用尾羽作支撑，但普通䴓可以在树上自由地上下，如履平地。

普通䴓性格活泼，行动敏捷。它们喜欢生活在森林、果园或者城市的公园中。它们的鸣肌和鸣管结构复杂，叫声清脆悦耳，常发出响亮的"zhar-zhar"声。

普通䴓喜欢吃一些植物的种子和昆虫。冬季来临的时候，它们喜欢储存食物过冬。

黑头䴓

Sitta villosa

雀形目·䴓科 (LC)

黑头䴓喜欢吃一些植物的
种子和昆虫。它们会储备
种子过冬，到冬天的时候
再啄出来吃。

喙近黑色　　虹膜褐色　　眉纹白色

♂

S. v. bangsi

▲ 觅食

形态特征

　　雄鸟的头顶呈黑色，眉纹呈白色，有黑色的过眼纹，上体为淡
紫灰色，下体为黄褐色。雌鸟的头顶呈灰色，其余的和雄鸟相似。

繁殖行为

　　每年的 4 月黑头鸭进入繁殖期。它们会啄洞筑巢，或者将巢安在啄木鸟废弃的树洞中，并用泥土将巢穴"装修"一番。

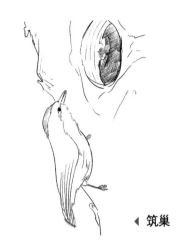

◀ 筑巢

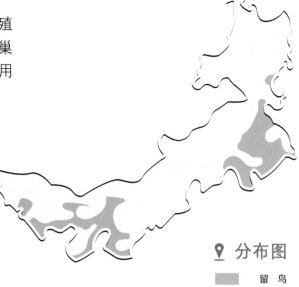

📍 分布图
　　　　　　　　留鸟

生活习性

　　黑头鸭性格活泼，喜欢成群活动，常连续快速地发出"di-di-di-di"的叫声，声音婉转多变，十分悦耳。

　　它们喜欢生活在山地针叶林等地。它们和家族中的其他成员一样，善于爬树，甚至可以头朝下尾朝上地向下行走。它们可以像啄木鸟一样用它们锥子般的嘴巴剥开树皮寻找食物，也可以边在树干上行走边吃虫子，所以又被称为"贴树皮"。

◀ 行走

你知道吗？

　　黑头鸭有一个"祖传绝招"——在垂直的树干上攀爬。不过它们并不是直上直下，而是会选择一定的角度。当它们向下走或者绕着树干走时，上面的爪子会牢牢地抓住树干，拉动轻盈的身体，而下面的爪子会压在树干上，帮助它们站稳。

鹪鹩

Troglodytes troglodytes

雀形目·鹪鹩科 **LC**

鹪鹩有很强的领地意识，雄鸟会不停地晃动翘翘的尾巴，扇动翅膀并拍击背部，一副"你敢来我就和你拼命"的架势。

虹膜暗褐色

喙细长

▲ 愤怒的小鸟

♂

形态特征

　　鹪鹩上体呈栗棕色，布满黑褐色的横斑，下体颜色略浅。雌鸟和雄鸟羽色相似，它们的嘴巴又细又长，尾巴比较短小，常往上翘，身形圆圆的，有些像"愤怒的小鸟"。

 **繁殖行为**

每年的4月下旬鸲鹛进入繁殖期。雄鸟会给心仪的雌鸟唱精心准备的"歌曲"，不仅声音洪亮，而且十分投入，整个身体都会随之颤抖。

📍 分布图

░░░ 夏候鸟

鸣叫 ▶

▲ 栖息

你知道吗？

一些杜鹃会把卵产在鸲鹛的巢穴中，所以鸲鹛妈妈为了避免自己成为"冤大头"，会在宝宝还没有孵化出来的时候对它们唱歌。当雏鸟破壳之后，首先要和鸲鹛妈妈对歌，如果可以唱出来，那就是亲生的孩子，反之就是入侵者。

生活习性

鸲鹛性格活泼，它们喜欢生活在灌木丛中。它们一般会成对或者以家庭为单位活动。

鸲鹛比较机警，附近有人的时候它们就会找地方躲起来。它们飞行时动作敏捷，但是飞行高度不是很高，通常距离地面仅1米左右，而且时不时地需要停下来休息，即便这样，它们也很难被发现。当遇到危险的时候，它们就会在茂密的灌木丛中穿梭，像爬楼梯似的从低枝一步一步地跳到高枝。

鸲鹛的食谱中有小型蜘蛛、毒蛾和虫卵等。

灰椋鸟

Spodiopsar cineraceus

雀形目·椋鸟科 (LC)

灰椋鸟以胡蜂、金龟子和象鼻虫等昆虫为食，昆虫较少的时候也会吃一些植物的果实。它们的小宝宝破壳之后，雌鸟和雄鸟会频繁地捕食，每天会捕食约400克的虫子喂给雏鸟。

虹膜褐色

脸颊白色

♂

▲ 育雏

99

🐦 形态特征

　　雌鸟和雄鸟羽色相似，它们的头部呈黑色，脸颊呈白色，上体呈灰褐色，腰部有明显的白色宽带，下体呈白色并沾有淡灰褐色，飞行的时候可以看到明显的白色尾下覆羽。

 **繁殖行为**

每年的5月灰椋鸟进入繁殖期。它们会自己啄洞或者把巢筑在啄木鸟废弃的树洞里。雌鸟和雄鸟共同筑巢、孵卵和育雏。

📍 **分布图**

▒▒ 夏候鸟

生活习性

灰椋鸟喜欢成群地生活在一起。当它们发现一个地方有很多食物时，就会发出一种特别的声音召唤同伴。灰椋鸟的团队意识很强，当家族成员受伤时，它们就会围着伤鸟转，也会时不时地飞到伤鸟的身边，用头蹭一蹭它的身体，表达对伤鸟的关心。如果一只灰椋鸟受惊飞起，其他成员也会纷纷起飞，所以我们常能看到大群的灰椋鸟飞过天空。

求偶 ▶

你知道吗？

灰椋鸟喜欢集体活动，别看它们数量多，但总是井然有序。当它们发现大量的食物后，就会分成不同的小队，一队吃完后就退到后边消化食物，下一队就会补上去，依次进行。

100

北椋鸟

Agropsar sturninus

雀形目·椋鸟科 LC

北椋鸟又被称作"燕八哥"或"小椋鸟"，它们喜欢吃蝗虫等昆虫，是人类的灭虫帮手。

喙近黑色

虹膜褐色

♂

▲ 鸣叫

101

形态特征

　　北椋鸟的雌鸟和雄鸟羽色相似，但雄鸟背部有紫灰色光泽，枕部有紫黑色斑，而雌鸟没有。

繁殖行为

每年的 5 月北椋鸟进入繁殖期。雌鸟和雄鸟会用一些枯草共同筑巢，上面再覆盖一些柔软的羽毛。北椋鸟通常每窝产卵 5~7 枚，由雌鸟负责孵卵，待雏鸟破壳之后，雌鸟和雄鸟会共同养育它们的孩子。

📍 **分布图**

夏候鸟

♀

生活习性

北椋鸟不像家族中的其他成员那么喧闹，它们比较安静。它们不仅可以模仿其他鸟类的叫声，还可以模仿汽车鸣笛声、青蛙的叫声，甚至人类的声音。

北椋鸟常集体活动，它们聚在一起，可以在空中编成各种各样的队形，就好像巨大的变形虫，又好像在上演一场"空中芭蕾"，但是成群的椋鸟也会给机场带来安全隐患。

你知道吗？

1960 年，一架从波士顿起飞的飞机在空中遇到了庞大的椋鸟群，不幸的是飞机引擎强大的气流将大量的椋鸟卷入引擎，导致飞机坠落，飞机上的 62 人全部遇难。

紫翅椋鸟

Sturnus vulgaris

雀形目·椋鸟科 LC

紫翅椋鸟的适应性很强，在全球的分布范围很广，它们在全球鸟类中的数量可跻身前几位。

喙黄色

虹膜深褐色

♂ br.

张望 ▶

形态特征

　　在夏季的时候，紫翅椋鸟通体呈带有金属光泽的蓝灰色，嘴呈黄色；冬季的时候，通体布满白色斑点，仿佛夜空中的繁星一般，而且白色斑点呈矛状，似指向下的白色箭头，嘴会变为黑色。

生活习性

紫翅椋鸟活力四射，常停在电线杆上半张着翅膀鸣唱。它们喜欢在地面上捕食，行走的时候总会左摇右晃。

▲ 群体活动

📍 分布图

▨ 夏候鸟

▨ 旅　鸟

◀ non-br.

你知道吗？

1784年5月，莫扎特在一家店铺里哼唱着刚写完不久的《G大调第17首钢琴协奏曲》，结果被店里养的一只紫翅椋鸟模仿着唱了出来，他感到十分惊喜，便将这只紫翅椋鸟带回了家。不幸的是，这只紫翅椋鸟在三年后死去。莫扎特不仅给它写了一段悲伤的墓志铭，还给它举办了隆重的葬礼。

种群现状

1890年之前，在美国几乎见不到紫翅椋鸟的身影，但一位德国移民做了一件让自己"名垂千古"的事情——他放飞了100只来自欧洲的紫翅椋鸟。到如今，紫翅椋鸟在美国的数量已经有上亿只。美国政府在2012年杀死了近百万只紫翅椋鸟，但由于它们的繁殖力强，数量依然很多。其实紫翅椋鸟喜欢吃一些害虫，是一种益鸟，但在秋季的时候就会窃食果园里的果子或者稻田中的谷物。

虎斑地鸫

Zoothera aurea

雀形目・鸫科 **LC**

虎斑地鸫有时会飞到附近的树上保持静止不动，利用自己的"隐身衣"和周边的环境融为一体。

虹膜褐色

♂

▲ 虎斑特写

105

形态特征

　　一听虎斑地鸫的名字就可以知道它们的特点——它们身上布满了鳞状斑纹，又因为喜欢在地面上活动，所以称为虎斑地鸫。它们是家族中体型较大的成员，上体呈金黄色，下体呈棕白色，这可是很好的保护色。

 **繁殖行为**

每年的5月虎斑地鸫进入繁殖期。雄鸟会发出单调而悠长的"yuuuuuu"声。结为伴侣的虎斑地鸫会在距离地面高度较低、隐蔽性较好的树枝上筑巢，繁殖后代。

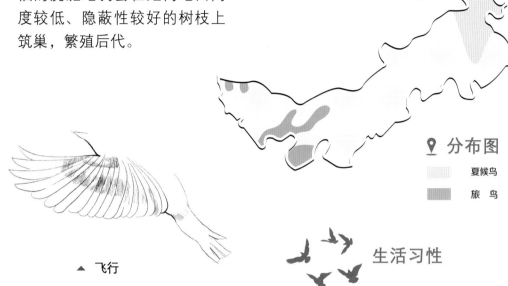

分布图

▮ 夏候鸟

▮ 旅鸟

▲ 飞行

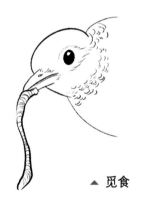

▲ 觅食

生活习性

虎斑地鸫喜欢单独或成对在溪流附近以及林间活动。它们行为谨慎，喜欢低着头在地面上行走，不像喜鹊那般昂首阔步。它们会迈着小碎步快速向前走，没走多远再停下来观察一下周边的情况，确认安全之后再继续前进。

当虎斑地鸫察觉周围有人的时候就会马上起飞，飞行没有多远便又降落在灌木丛中。

虎斑地鸫喜欢吃蚯蚓和昆虫的幼卵，有时也会吃点素，如植物的种子和嫩芽等。

你知道吗？

虎斑地鸫会用树枝、树叶和苔藓等材料筑巢，而且会在巢内壁糊一些黄泥，里边垫一些草根和松针等。

白眉鸫

Turdus obscurus

雀形目·鸫科 LC

在我国，白眉鸫是最常见的鸟类之一，它们的分布范围广泛，而且数量众多。

上喙褐色
下喙黄色

虹膜褐色

眉纹白色

♂

▲ 张望

107

形态特征

白眉鸫有着帅气的白色眉纹，眼下方有一个白色斑块。雌鸟和雄鸟羽色略有差异：雄鸟上体呈橄榄褐色，胸部呈橙黄色，喉部呈褐色，腹部呈白色；雌鸟喉部呈灰白色，其余似雄鸟。

 繁殖行为

每年的5月，白眉鸫会用一些细树枝、枯草和泥土等材料在距离地面1米多高的树上筑杯状的巢。白眉鸫每年只产1窝卵。

📍 **分布图**

███ 旅 鸟

▲ 飞行

觅食 ▶

 生活习性

白眉鸫常常单独活动，它们谨慎小心，善于隐藏自己。当受到惊吓的时候，它们会飞到树枝上，把自己当成一片树叶，一动不动。

白眉鸫的叫声很好听，是比较简单的 "zip-zip" 声。它们有时也会模仿其他鸟类的叫声。

白眉鸫喜欢吃一些金龟甲、蝗虫和一些小型无脊椎动物，偶尔也会吃一些植物的种子和果实等。

你知道吗？

有一种鸟，浑身散发着仙气，拥有无与伦比的羽色，好像是上苍无意间打翻的调色盘。它们的羽色有黑色、深栗褐色、淡茶黄色、白色、灰白色、蓝绿色、亮蓝色和血红色等。它们，就是仙八色鸫，虽然名字中有"鸫"，但和白眉鸫并不是同一个家族。

黑颈鸫

Turdus atrogularis

雀形目·鸫科 (LC)

黑颈鸫喜欢吃蜘蛛和蚯蚓等小型动物，冬天的时候也会吃一些浆果或者柏树的种子来充饥，不过它们更喜欢吃沙枣。

喙褐色，
下喙基部黄色

虹膜褐色

♂

▲ 觅食

形态特征

正如其名，黑颈鸫有着黑色的颈部，上体呈黑灰色，腹部呈白色并有一些黑色的斑纹，臀部呈白色。雌鸟和雄鸟羽色相似，但雌鸟的喉部为白色且有一些黑色的鳞状纹。

繁殖行为

每年的5月黑颈鸫进入繁殖期。结为伴侣的它们会在小树杈上用一些草茎和草叶等筑巢，巢内铺一些柔软的动物毛发。

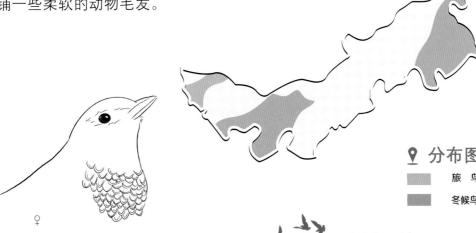

♀

生活习性

▲ 衔材筑巢

除繁殖期外，黑颈鸫喜欢单独活动，而在迁徙的时候会成群结队。

它们的胆子比较大，喜欢生活在河流沿岸或树林中，但并不喜欢茂密的森林。

黑颈鸫会在地面上寻找食物，有时也会在没有结冰的水中捕食。

黑颈鸫在遇到危险的时候会发出短促沙哑的"chark"声，然后立刻飞到树上。它们飞行速度很快，不过一般飞行一段距离就会落下。

你知道吗？

黑颈鸫和赤颈鸫的亲缘关系很近，不过从颈部的颜色就可以很容易地把它们区分开。黑颈鸫原来是赤颈鸫的一个亚种，现在"地位"上升，成为独立的一个种，因为它们之间存在生殖隔离。

110

赤颈鸫

Turdus ruficollis

雀形目·鸫科

赤颈鸫的眉纹、颈部和胸部为红褐色，就像戴着一条红色的围巾，所以称为赤颈鸫。

虹膜暗褐色

喉部棕红色

♂

▲ 鸣叫

 形态特征

　　赤颈鸫又被称作"红脖鸫"或"红脖子穿草鸫"。它们上体呈灰褐色，腹部呈白色。雌鸟和雄鸟羽色相似。

 繁殖行为

每年的5月赤颈鸫进入繁殖期。它们会用草叶和草根等材料筑巢。通常雌鸟产卵5枚左右，并由它们自己孵卵。

▲ 卵

📍 分布图

███ 冬候鸟

 生活习性

▲ 觅食

赤颈鸫是一种性格活泼的鸟类，经常在林间上下飞行。不过它们也很谨慎小心，稍微有点动静就会马上飞到树上。它们的飞行速度比较快，边飞边会发出"tseep"声。它们经常单独活动，遇到危险的时候会发出比较轻柔的"wei~wei"声。

赤颈鸫的食谱上有蚂蚁、甲虫、虾和田螺等肉食类，还有一些植物的种子和果实等素食类。

斑鸫

Turdus eunomus

雀形目・鸫科 （LC）

斑鸫身上的斑纹很多，
如果从小孔中看去，看
到的都是斑纹。

虹膜褐色　　眉纹白色　　喙黑褐色，
下喙基部黄色

▲ 飞行

♂

形态特征

斑鸫有明显的白色眉纹。雄鸟头顶和背部呈黑色，下体呈白
色，两胁有黑色似鱼鳞状的斑纹，而雌鸟背部偏棕黄色。

生活习性

斑鸫主要生活在树林、农田和果园等地，正是因为它们喜欢穿梭在丛林中，所以被称为"穿草鸡"或者"窜儿鸡"。

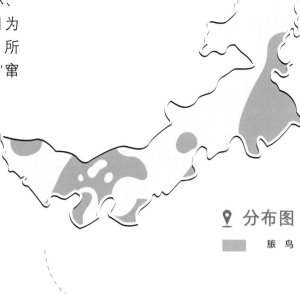

📍 **分布图**
 ▮ 旅 鸟

▲ **觅食**

♀

别看它们体型小，但是它们特别能吃。一只斑鸫一天可以吃掉几乎与它自身体重等量的食物。特别在繁殖期，它们一天可以吃掉约200只昆虫。它们在觅食的时候往往会跳跃式前进，每跳几下就低下头吃一些，然后再跳着到下一个地方继续觅食。

斑鸫飞行较灵活，可以急转弯或者"急刹车"，甚至还可以悬停。当它们迁徙的时候就会一刻不停地快速拍动翅膀，并呈波浪线飞行。

你知道吗？

斑鸫的领地意识很强，当有其他斑鸫闯入自己的领地时，雄鸟便会不惜一切代价将其赶走。它们十分好斗，甚至看到镜子中的自己或者倒影都会冲上去打斗一番。

114

红尾斑鸫

Turdus naumanni

雀形目·鸫科 (LC)

红尾斑鸫的尾羽在展开
时呈红棕色，所以称为
"红尾"。

眉纹棕红色

喉红色

▷ 张望

♂

形态特征

　　红尾斑鸫的上体呈棕褐色，下体为白色，胸部有一圈红棕色的
斑纹，好像系了一条缀满斑点的红棕色围裙。雌鸟的眉纹呈红色，
而雄鸟的眉纹在繁殖期呈红色，在非繁殖期转为白色。

 **繁殖行为**

每年的5月红尾斑鸫进入繁殖期。它们会把巢筑在距离地面高度较低的树枝上。筑巢材料一般是苔藓和草茎等，在巢壁会用一些黄泥来加固。

📍 **分布图**

▮ 旅 鸟

▲ 觅食

生活习性

红尾斑鸫喜欢生活在草原和森林等地。它们在地面上时而蹦蹦跳跳，时而迈着矫健的步伐，十分有趣。

它们喜欢吃地老虎和蝗虫等昆虫，同时也吃一些浆果、植物的种子等。

它们属于家族中比较吵闹的成员，它们的声音婉转，可以发出连续的"cheeh"声。

蓝歌鸲

Larvivora cyane

雀形目·鹟科 LC

蓝歌鸲、蓝喉歌鸲和红喉歌鸲被称为"歌鸲三姐妹"，是中国著名的笼鸟。

喙黑色

虹膜暗褐色

♂

▶ 飞行

形态特征

　　雄鸟上体呈青石蓝色，下体呈白色，一道黑色的过眼纹延伸至头、颈两侧，十分美观。雌鸟没有靓丽的羽色，上体呈褐色，下体呈黄褐色，胸部有一些不明显的鳞状斑纹，腰部和尾部略显蓝色。

 **繁殖行为**

每年的5月蓝歌鸲进入繁殖期。雄鸟会抬起头、翘着尾巴鸣唱。它们会将巢筑在草丛或者多苔藓、比较隐蔽的地面上，这项浩大的工程主要由雌鸟完成。

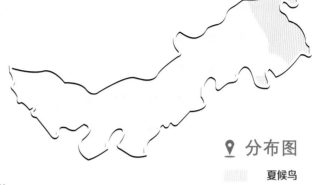

📍 **分布图**

▨▨▨ 夏候鸟

▲ 张望

♀

生活习性

除繁殖期外，蓝歌鸲喜欢单独活动，它们善于在地面上快速奔走，寻找食物，行走时尾巴呈扇状，不时地上下摆动。它们的胆子比较小，很少会在树上休息。蓝歌鸲善于隐藏自己，见到人的时候就会躲藏在灌木丛中。

蓝歌鸲的食谱中有蚂蚁、蜘蛛、象鼻虫和谷物等。

你知道吗？

蓝歌鸲不仅鸣声婉转动人，而且善于学习并模仿其他动物的叫声，堪称鸟界的"好声音"。它们可以把声音拉得很长。当其他鸟类鸣叫时，它们会提高自己的叫声，压倒对方。

118

红喉歌鸲

Calliope calliope

雀形目·鹟科  LC

红喉歌鸲的叫声很动听，尤其在繁殖期，雄鸟的声音十分悦耳，它们喜欢在电线上鸣唱。

喙暗褐色

虹膜褐色

喉红色

▲ 飞行

♂

形态特征

　　红喉歌鸲的体羽为褐色，眉纹和腹部为白色。雄鸟脸颊呈灰褐色，有白色的颊纹；喉部呈红色，周围有黑色的细纹。雌鸟喉部呈白色，略带少许红色。

繁殖行为

每年的5月红喉歌鸲进入繁殖期。它们会将巢筑在草丛或是灌木丛等一些比较隐蔽的地方。

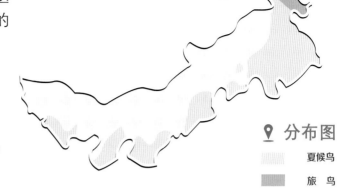

张望 ▶

▲ 鸣叫

📍 分布图

░ 夏候鸟

▓ 旅　鸟

生活习性

红喉歌鸲不仅歌声美妙，还可以模仿一些昆虫的叫声，比如油葫芦和蟋蟀等。千万不要以为它们模仿其他昆虫的叫声只是单纯地玩，这可是它们的生存技能。它们的叫声会让一些昆虫误以为是自己的同伴在呼唤自己，所以就会不假思索地向红喉歌鸲走去。

红喉歌鸲喜欢在地面上快速奔走并展开扇形的尾巴。它们也会边走边在近水的地面上觅食蝗虫和蚁类等。

你知道吗？

红喉歌鸲喜欢在白天休息，而在夜晚依靠星象和磁场迁徙。

红胁蓝尾鸲

Tarsiger cyanurus

雀形目 · 鹟科 (LC)

红胁蓝尾鸲会将巢筑在隐蔽、阴暗或地势不平坦的地方，筑巢以雌鸟为主。

眉纹白色　　虹膜褐色

喙黑色

▲ 飞行

♂

 形态特征

　　雄鸟的眉纹和喉部呈白色，上体呈鲜亮的蓝色，下体呈白色，两胁呈橙红色；尾羽的羽缘呈蓝色，越往外侧颜色越淡，形成很漂亮的过渡色。雌鸟的上体呈橄榄褐色，胸部呈白色沾橄榄褐色。

 **繁殖行为**

　　每年的4月红胁蓝尾鸲开始占领领地。结为伴侣的雌鸟和雄鸟每到一个新的地方就会各奔东西，好像互不相识。它们会躲在不同的地方觅食，雄鸟还会到雌鸟觅食的地方驱赶与之结为伴侣的雌鸟。

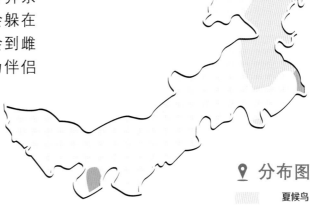

📍 **分布图**

▨ 夏候鸟

▨ 旅　鸟

栖息 ▶

♀

生活习性

　　红胁蓝尾鸲经常在地面或者灌木丛中单独活动，迁徙的时候会成小群活动。它们善于在地面奔走或者在灌木丛中来回跳跃。它们有时也会在路边活动，胆子比较大，不过它们极善于隐藏自己，在休息的时候还会上下摆动尾巴。

　　红胁蓝尾鸲喜欢吃天牛、尺蠖和蚊子等昆虫，也会吃一些植物的种子和果实。

你知道吗？

　　你知道为什么亮蓝色的红胁蓝尾鸲很难见到吗？

　　因为雄性亚成鸟的羽毛会延迟成熟。一般情况下，雄鸟会保留和雌鸟相似、较暗淡的羽毛。

122

北红尾鸲

Phoenicurus auroreus

雀形目·鹟科 Ⓛⓒ

北红尾鸲的下体和尾部呈鲜艳的橙红色，"北红尾鸲"这个名字正是由此而来。

喙黑色　虹膜暗褐色

▲ 求偶

123

形态特征

　　雄鸟的羽色艳丽，头部至颈部呈银灰色，背部和最外侧的尾羽呈黑色。与雄鸟相比，雌鸟的羽色更为淡雅，上体呈浅褐色，黑色的翅膀上有一对三角形的白斑，较雄鸟小一些。

 **繁殖行为**

每年的4月北红尾鸲进入繁殖期。雄鸟会站在很高的树枝上对着雌鸟点头摆尾、边唱边跳，以引起雌鸟的注意。当雌鸟被这样独特的舞姿吸引时，就会飞到雄鸟面前欣赏它的表演。

 **分布图**

░░ 夏候鸟

▲ 觅食

 **生活习性**

♀

除繁殖期外，北红尾鸲喜欢单独活动。它们常站在树枝或树桩等一些显眼的地方不停地点头和摆动尾巴，发出节奏感很强的"ji-ji-ji"声。它们的胆子比较大，常常出现在城市的停车场内。它们酷爱照镜子，它们猜不出镜中的那个"它"是谁，便会展开双翅扑向镜面啄"它"，向"它"示威。

北红尾鸲以昆虫为主食，偶尔也会吃一些植物的种子和浆果等。

北红尾鸲的领地意识较强，如果发现入侵者，它们就会将其赶走。

你知道吗？

北红尾鸲的雌鸟和雄鸟会共同选址，为迎接新生活而忙碌。它们喜欢在石头缝、屋檐、树根下和树洞等地筑巢，有时也会在一些意想不到的地方筑巢，比如邮筒。

124

红腹红尾鸲

Phoenicurus erythrogastrus

雀形目·鹟科

红腹红尾鸲会在附近的灌丛顶端独自鸣叫几声来开启美好的一天，然后再去觅食。

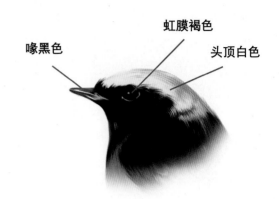

喙黑色　虹膜褐色　头顶白色

♂

▲ 摆动尾部

形态特征

　　红腹红尾鸲属于家族中体型较大的成员，雄鸟头部为白色，像戴了一顶白色的皮帽，翼上有近方形的白斑，上体呈黑色，尾羽和下体呈锈棕色。雌鸟上体呈烟灰褐色，下体呈浅棕灰色，没有白色翼斑。

 繁殖行为

每年的6月红腹红尾鸲进入繁殖期。雄鸟会飞上高空振动翅膀,炫耀它们显眼的白色翼斑。它们会将巢穴筑在中高海拔地区的岩石缝或灌丛中等。

◀ 觅食

▲ 栖息

📍 分布图
▮ 旅 鸟
▮ 冬候鸟

 生活习性

红腹红尾鸲性格比较孤僻,喜欢生活在中高海拔地区,比较耐寒。它们喜欢单独或者成小群活动,常常站在岩石或者灌木丛中不停地摆动尾巴。红腹红尾鸲从清晨开始活动,并伴随着清脆而短暂的"tsi"声。

它们常在地面上捕食象鼻虫和蠕虫等,偶尔也会吃一些植物的种子和果实。

你知道吗?

俗话说:"夫妻本是同林鸟,大难临头各自飞。"红腹红尾鸲这对"夫妇"在冬季会分开,雄鸟生活在高海拔地区,而雌鸟会到低海拔地区过冬。

126

白顶溪鸲

Chaimarrornis leucocephalus

雀形目·鹟科 LC

每当下午或者阴天的时候，白顶溪鸲就懒洋洋的，不太喜欢活动。

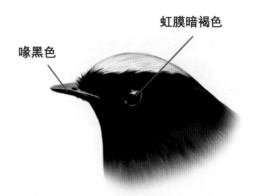

喙黑色

虹膜暗褐色

♂

▲ 觅食

 形态特征

　　白顶溪鸲的头顶及枕部为白色，像是"少白头"。它们的背部和胸部呈黑色，腹部呈栗红色。雌鸟和雄鸟羽色相似。

 **繁殖行为**

每年的 4 月白顶溪鸲进入繁殖期，此时几乎不喜欢鸣叫的雄鸟就会"唱歌"，还会不停地摆晃头部炫耀。它们喜欢将巢筑在极为隐蔽的地方，如石头缝隙或天然岩洞。

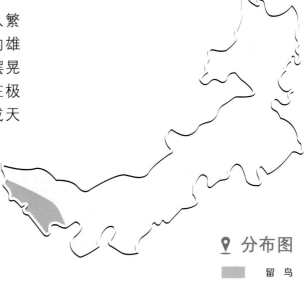

▲ 张望

📍 **分布图**

▨ 留鸟

 生活习性

白顶溪鸲的名字中有"溪"字，不难知道它们的生活离不开溪流。它们喜欢生活在山涧、河谷和高山湖泊等地。

它们有垂直迁徙的习性，从海拔 1800~4800 米都可以见到它们的身影。夏季它们会到高海拔的地方，而秋冬季则会到海拔较低的地方生活。

白顶溪鸲常单独活动，喜欢站立在水中的岩石上，翘着尾巴，不停地抖动。

白顶溪鸲喜欢吃山楂、野果和水生昆虫等。

▲ 栖息

你知道吗？

白顶溪鸲的卵呈淡绿色或蓝绿色，雏鸟出生后会由雌鸟和雄鸟共同养育，一天中喂食的时间可达 15 个小时。不过幼鸟可没有"白头"，它们的头顶部是很黑的。

128

黑喉石䳭

Saxicola mauru

雀形目·䳭科 LC

黑喉石䳭体色主要由黑、白、棕三种颜色组成。

虹膜褐色或暗褐色

喙黑色

♂

▲ 警惕

形态特征

　　雄鸟的头部、喉部和背部呈黑色，胸部呈锈红色，颈侧和翅膀上有白斑，腹部浅棕色或白色。雌鸟体色较暗，没有黑色，下体呈黄褐色，喉部为白色。

129

 **繁殖行为**

每年的4月黑喉石䳜进入繁殖期。雌鸟负责选址筑巢、产卵和孵卵，而雄鸟会站在树枝上守卫，并且为雌鸟鸣唱。

📍 **分布图**

▨ 夏候鸟

张望 ▶

生活习性

除繁殖期外，黑喉石䳜常单独活动。它们喜欢站在灌丛、农作物的顶端，不停地摆动尾巴。有时也会静静地站在树枝上，观察周围的情况，一旦发现昆虫就会立刻飞起来捕食，然后又回到原处。它们有时也能在空中悬停，或者直上直下地飞行。

黑喉石䳜喜欢吃蚂蚁、甲虫、金龟子、蚯蚓和蜘蛛等，偶尔也会吃一些植物的种子和果实。

♀

你知道吗？

大杜鹃会把卵寄生在黑喉石䳜的巢穴里。大杜鹃的卵呈淡灰褐色，而黑喉石䳜的卵呈灰绿色，二者有明显的差别，但都会被黑喉石䳜接受并孵化。

穗䳚

Oenanthe oenanthe

雀形目·鹟科 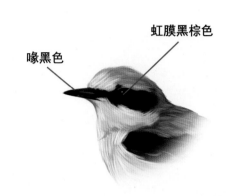 LC

穗䳚是一种身形圆胖
的鸟类。

喙黑色

虹膜黑棕色

▲ 尾羽

♂

形态特征

　　雄鸟的头部及后背呈灰色，耳羽、眼先和翅膀呈黑色，眉纹及下体呈白色；尾羽边缘呈黑色，而边缘中间的黑色部分会凸出，呈"凸"形。雌鸟头部及背部呈灰棕色，耳羽、眼先为黑褐色，翅膀呈灰褐色。

繁殖行为

每年的5月穗䳭进入繁殖期。它们常在夜晚鸣唱，声音婉转多变。它们的领地意识特别强，发现有入侵者就会发出生硬的"chak"声。穗䳭常把巢穴筑在旱獭等啮齿动物的洞中。

◀ 鸣叫

📍 分布图

▨ 夏候鸟

♀

生活习性

穗䳭主要生活在多岩石、开阔的草原地带。它们经常单独在草地上活动或者觅食。它们也会在石头上或者灌丛中站立休息，站姿笔挺并不停地上下摆动尾巴。

它们喜欢吃昆虫，偶尔也会搭配着吃一些植物的果实和种子等。

穗䳭的腿很长，奔跑速度极快，但会不时地停下张望，再啄食猎物，然后再继续奔跑，如此反复。

你知道吗？

穗䳭会站在树枝上观察周边的情况，一旦发现猎物，便以迅雷不及掩耳之速捕食，然后又飞回原处。它们飞行时距离地面高度较低，会轻轻地振动翅膀。

沙鵰

Oenanthe isabellina

雀形目·鶲科 （LC）

沙鵰在家族中属于体
型较大、拥有"大长
腿"的鵰类。

喙黑色

虹膜暗褐色

♂

▲ 觅食

133

形态特征

　　沙鵰的"大长腿"不仅有利于提速，还可以进行长距离奔跑。沙
鵰的头部和上体呈沙褐色，下体呈沙灰褐色，眉纹呈白色，眼先呈
黑色。雌鸟和雄鸟羽色相似。

 繁殖行为

每年的5月沙鵰进入繁殖期。它们的领地意识极强，抵达繁殖地之后就开始占领地盘。占领完地盘后，雄鸟会在空中张开尾巴炫耀，并用它们宽厚的翅膀滑翔至地面。

▶ 分布图

░░ 夏候鸟

▲ 求偶

沙鵰会用一些草茎和动物毛发等材料将巢筑在废弃的啮齿动物的洞穴中，也会筑在石头的缝隙中。

生活习性

沙鵰常成对生活，喜欢出现在草原或者半荒漠地区。

沙鵰的食谱中有蝗虫和甲虫等昆虫。沙鵰会笔挺地站在树枝或者较高的地方，不停地摆动尾巴，观察地面的情况，如果发现猎物，便立刻扑过去。捕食的时候，它们会在地面上快速奔跑，而且身体特别贴近地面。它们还会时不时地停下来点头、张望，再继续奔跑。

▲ 奔跑

你知道吗？

你知道雌性沙鵰和穗鵰怎么区分吗？

雌性沙鵰和穗鵰的羽色很像。不过雌性沙鵰上体呈沙褐色，眼先呈黑色，其余不沾黑色。雌性穗鵰头部和背部呈灰棕色，眼先呈黑褐色，颜色较淡。

134

白顶鹏

Oenanthe pleschanka

雀形目·鹟科 **LC**

白顶鹏的飞行动作很轻盈，在下落前常常悬停，在飞行的时候会发出"trritt-tack"声。

虹膜暗褐色

喙黑色

♂

▲ 觅食

形态特征

　　雄性白顶鹏头部和后颈呈白色，脸颊、两翅和上体呈黑色，喉部呈白色，尾羽黑色的部分呈"山"字形。雌性白顶鹏头部和上体呈暗棕褐色，翅膀呈暗褐色，喉部和上胸部呈灰褐色，下体呈皮黄色。

 **繁殖行为**

　　每年的5月白顶䳱进入繁殖期。雌鸟会在岩石的缝隙或者废弃的老鼠洞中筑巢，巢材主要是一些枯草茎和枯草叶等，里面垫一些柔软的动物毛发。雌鸟和雄鸟会共同孵卵、养育后代。

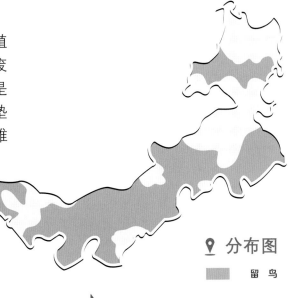

📍 **分布图**

　　　　　　　留鸟

▲ 张望

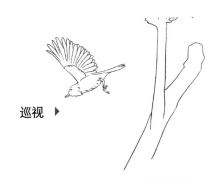

巡视 ▶

你知道吗？

　　雄性白顶䳱在每年的4月末就会为了求偶而做精心的准备。它们会站在石头或者树枝上鸣唱、跳舞，还不时地点头摆尾。它们的声音清脆婉转，极具变化，甚至还可以模仿其他动物的声音。

生活习性

　　白顶䳱喜欢单独生活，在荒漠或者半荒漠地区常能见到它们的身影。它们的身体轻盈，体型较小，常常停栖在石头、建筑物或者纤细的植物上。白顶䳱的腿部较穗䳱短，所以并不能像穗䳱站得那般笔挺，而有点呈水平下蹲的姿态。

　　白顶䳱喜欢吃蝗虫和蚂蚁等昆虫，偶尔也会搭配植物的果实和种子等。它们喜欢停栖在高的地方巡视四周，一旦发现猎物便猛地飞下去，给猎物一个突然袭击，然后再飞回高处。雄鸟有时会在高空盘旋，发出短促悦耳的叫声，然后突然向下俯冲至地面。

漠䳭

Oenanthe deserti

雀形目·鹟科

漠䳭尾巴上的黑色部分较长，
超过尾巴长度的 2/3。

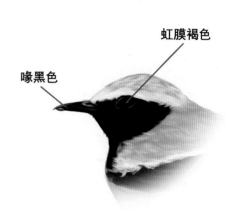

虹膜褐色

喙黑色

♂

▲ 尾羽

 形态特征

    雄鸟的头部及上体呈沙棕色，眼纹及下体呈白色，脸侧、颈部和喉部呈黑色，翅膀呈黑色并与喉部相连，尾部呈黑色且较平直。雌鸟的的头部及上体呈沙褐色，脸侧、颈部和喉部呈棕褐色，翅膀呈灰黑色。

 繁殖行为

每年的5月漠䳭进入繁殖期。雄鸟会在巢穴的附近进行简短的炫耀飞行。它们通常会将巢筑在岩石的缝隙中或者荒废的啮齿动物的洞穴中。

📍 **分布图**

▨ 留鸟

◀ 飞行

 **生活习性**

♀

你知道吗？

你知道雌性漠䳭和沙䳭怎么区分吗？

漠䳭和沙䳭的雌鸟很相似。雌性漠䳭上体呈沙褐色，翅膀呈灰黑色，胸部呈棕褐色。雌性沙䳭头部和上体呈沙褐色，眼先为黑色，胸部微沾锈色。

除繁殖期外，漠䳭常单独活动。它们比较怕生，喜欢生活在荒漠、半荒漠地区。它们会站在石头上或者灌木丛中环视地面，当发现猎物的时候，就会快速起飞捕食。它们也善于在地面上奔跑捕食。漠䳭站立的时候会上下摆动尾巴。当它们遇到危险的时候会发出粗哑的"chrt-tt-tt"声，并飞到岩石后面躲藏。

漠䳭喜欢吃甲虫、蝗虫和蚂蚁等昆虫以及它们的幼虫。

灰纹鹟

Muscicapa griseisticta

雀形目·鹟科 LC

灰纹鹟喜欢吃象甲和金
龟甲等昆虫，以及蝴蝶、
飞蛾的幼虫等。

喙黑色

虹膜暗褐色

♂

▲ 飞行

形态特征

灰纹鹟身形匀称，上体为灰褐色，眼先为深色，下体为白色，
胸部和腹部遍布深灰色纵纹。雌鸟和雄鸟羽色相似。

 繁殖行为

　　每年的6月灰纹鹟进入繁殖期。它们的领地意识较强，雌鸟和雄鸟抵达繁殖地之后会共同占领领地。它们通常会用一些苔藓将巢筑在针叶树的树枝上。

▲ 筑巢

 生活习性

▲ 张望

分布图

旅 鸟

　　灰纹鹟喜欢单独活动，经常在树林的中层或者冠层飞来飞去。它们常站在视野开阔的树枝上休息，环视四周，一旦发现猎物就会立即起身追逐。灰纹鹟的视觉发达，是捕食飞虫的高手，它们敏锐的视觉也有助于夜间迁徙。

你知道吗？

　　灰纹鹟的体色为灰褐色，经常站在树枝上，给人朴实憨厚的感觉。如果配偶中有一只鸟死去，另一只鸟将会在郁郁寡欢中度过余生，所以灰纹鹟也象征着忠贞不渝的爱情。

140

红喉姬鹟

Ficedula albicilla

雀形目·鹟科 LC

红喉姬鹟的领地意识很强，占领之后它们就会通过鸣叫来宣示自己的领地。它们会在墙洞或者啄木鸟废弃的树洞中筑巢。

虹膜暗褐色

喙黑色

喉红色

◀ 觅食

♂

141

形态特征

　　红喉姬鹟是一种体型较小、身形矮胖但很结实的鸟类。雄鸟上体呈灰黄褐色，下体呈白色，胸部呈淡灰色，尾上覆羽为黑色，外侧尾羽的基部为白色。繁殖期雄鸟的喉部为橙红色，而非繁殖期喉部为白色，似雌鸟的喉部。雌鸟的胸部呈淡棕色。

繁殖行为

每年的 5 月红喉姬鹟进入繁殖期。雄鸟会向雌鸟"献艺",用它们婉转的"歌声"和特别的"舞蹈"赢得雌鸟的青睐。它们的"歌声"就像"da~da~da"的声音,"舞蹈"则是上下摆动散开的尾巴。

📍 **分布图**

▮ 旅 鸟

▲ 栖息

生活习性

除繁殖期外,红喉姬鹟喜欢单独活动,迁徙的时候成小规模集体活动。它们比较胆小,休息的时候会隐藏在树冠中。但它们也很活跃,常在树枝间跳跃或者飞行,期间遇到猎物,会积极地飞到空中捕食,然后再飞回去。

红喉姬鹟喜欢吃叶甲和夜蛾等昆虫及其幼虫。它们通常只作短距离飞行,一般情况下仅在树叶间捕食。红喉姬鹟在繁殖期特别喜欢在地面上活动,它们会不停地扇动翅膀并竖起尾巴。

♀

你知道吗?

你知道鹟鸟家族为什么会长"胡须"吗?

几乎鹟鸟家族的所有成员嘴巴两侧都长着细长的"胡须",像小猫一样。生物学家把这些"胡须"称为"嘴裂的髭毛"。那么这些髭毛的作用是什么呢?其实这些髭毛可以帮助鹟鸟感受猎物,在黑暗的环境中避开障碍物。

142

太平鸟

Bombycilla garrulus

雀形目·太平鸟科 LC

太平鸟有十二枚尾羽，尾羽末端是鲜艳的黄色，所以又被称为"十二黄"。

冠羽没有黑色　　虹膜暗红色

喙黑色

▲ 张望

♂

143

形态特征

　　雄鸟和雌鸟的羽色相似，它们的头顶部长有羽冠，十分帅气。松软的羽毛呈葡萄灰褐色，低调却不失奢华。

它们的眼部戴着一个黑色"眼罩"，喉部有一个黑色斑块，黑色的翅膀上还有一些白色斑点和红色的蜡质突起。

📍 分布图

■ 冬候鸟

生活习性

太平鸟喜欢集体活动，胆子比较大。它们和其他鸟类可以相处得很融洽。

太平鸟喜欢在槐树、柏树等高大的树上生活。它们喜欢吃一些植物的种子和果实。冬季主要吃浆果，尤其是金银木的红色果实，但是这也会给它们带来危险，当它们吃掉一些发酵的浆果时可能会"喝醉"，在高楼林立的城市中"醉飞"造成惨剧就成了不可避免的事。其实，如果在森林中，太平鸟即便"喝醉"也可以平安无事地醒过来。

▲ "喝醉"

▲ 群体活动

你知道吗？

2012年3月20日，为了纪念我国和以色列建交20周年，两国联合发行了一套邮票《太平鸟与和平鸽》，以此表达两国和平友好的美好愿望。

144

小太平鸟

Bombycilla japonica

雀形目·太平鸟科 NT

小太平鸟叫声轻柔，羽色淡雅大方，不怕人，而且有平安吉祥的美好寓意，所以从古至今深得人心，是有名的观赏鸟。

虹膜紫红色

喙黑色

冠羽下边黑色

▲ 正面形态

♂

145

形态特征

　　小太平鸟又称作"十二红"，因为它们六对尾羽的末端呈玫瑰红色。雌鸟与雄鸟羽色相似，它们头戴凤冠，眼上的黑色过眼纹连至冠羽，喉部为黑色。

繁殖行为

　　每年的6月小太平鸟进入繁殖期。它们会用树枝、枯草等把巢穴筑在树枝间，上面再铺一些羽毛。雌鸟一般产卵5~6枚。待小宝宝出壳后，雌雄鸟会共同养育。

📍 **分布图**

▨ 旅　鸟

▩ 冬候鸟

▲ 群体活动

生活习性

　　小太平鸟十分贪吃，喜欢吃一些植物的嫩芽和浆果等。它们填饱肚子之后就会站在树枝上打理羽毛或者稍作休息，待食物消化后再次开启狂吃模式。

▲ 觅食

你知道吗?

　　你知道什么是"十二红帘"吗?
　　在距今一千多年前的宋代，小太平鸟就频繁地出现在艺术家的画作中。据考证，"十二红帘"就是古代女子闺房之中常有的一种装饰帘幕，上面绣有"十二红"，也就是小太平鸟。

文化链接

　　小太平鸟在古代又被称为"连雀"，在飞行时十二枚尾羽全部展开，末端的玫瑰红色斑点连在一起，呈半圆形，所以又被称为"朱连雀"或"绯连雀"。

领岩鹨

Prunella collaris

雀形目·岩鹨科 LC

领岩鹨似麻雀，但体型比
麻雀稍大一些。它们有着
发达的脚垫，有利于在岩
石上行走。

喉部近灰色

▲ 警惕

♂

P. c. erythropygia

 形态特征

　　领岩鹨上体呈淡褐色并带有黑褐色的条纹，下体呈淡棕黄色，
喉部有黑白相间的横斑，喙部呈淡灰黑色，下喙基部呈黄色。它们
身形比较紧凑，显得"圆滚滚"的。它们的鼻孔很大而且还是斜着长
的，尾巴呈方形。雌鸟和雄鸟羽色相似。

147

 **繁殖行为**

每年的 6 月领岩鹨进入繁殖期。结为伴侣的它们会在岩石缝隙中或者大石头下面筑巢。

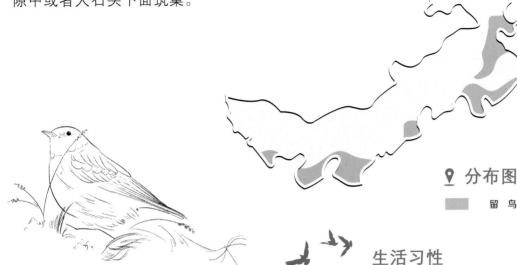

📍 **分布图**

　　　　留　鸟

▲ 栖息

张望 ▶

生活习性

领岩鹨喜欢单独或者成小群活动。它们常站在岩石上"演奏"，翅膀和尾巴会轻轻扇动，好像在给自己打节拍，或者从一块岩石飞到另一块岩石上，挺直地站着。它们的叫声很大，清脆悦耳，常发出"zer-zer"声。领岩鹨很机警，感觉附近有人的时候，它们就会马上飞起来，落到附近的草丛中。

领岩鹨的食谱中有蜗牛、甲虫、蜘蛛和植物种子等。

你知道吗？

领岩鹨的求偶方式和一般鸟类不同。一般情况下，雌鸟会先翘起尾巴、拍打着翅膀跟在雄鸟的后边，追求雄鸟。

148

棕眉山岩鹨

Prunella montanella

雀形目 • 岩鹨科 LC

棕眉山岩鹨性格活泼，不过也会因食物或者领地发生争斗，胜利的一方总会乘胜追击，速度之快和平时悠闲散漫的它们截然不同。

▲ 张望

形态特征

棕眉山岩鹨头顶部和脸颊近黑色，搭配着棕黄色的眉纹，很是显眼。它们的上体呈深褐色，下体呈污白色。雌鸟和雄鸟羽色相似。

 **繁殖行为**

每年的6月棕眉山岩鹨进入繁殖期。结为伴侣的棕眉山岩鹨会用一些枯草茎和苔藓等材料在小树上或者草地上筑巢。

▲ 筑巢

📍 **分布图**

▨ 夏候鸟

▇ 旅 鸟

生活习性

棕眉山岩鹨有很强的适应能力，除在繁殖期外，它们常单独或者成小群活动。它们有很强的奔跑能力，常在地面上奔跑。

棕眉山岩鹨有时会站在枝头发出清脆的"ji ji ji ji"声，不过它们更喜欢玩"捉迷藏"，素雅的羽色是它们很好的"隐身衣"，低矮的灌木也为它们提供了庇护所，所以想要找到它们可不是一件容易的事情。

棕眉山岩鹨喜欢吃昆虫，冬天的时候会吃一些浆果。

▲ 求偶

你知道吗？

棕眉山岩鹨的天敌主要是雀鹰，它们取食的时候会特别谨慎小心，时不时地抬头看看四周，观察环境变化，避免成为雀鹰的盘中餐。

150

家麻雀

Passer domesticus

雀形目·雀科 LC

家麻雀的适应能力很强，
而且繁殖速度很快，有
时一年可以产三窝卵。
雌鸟和雄鸟会轮流孵卵，
共同育雏。

头顶灰色　　虹膜暗茶色

♂

▲ 张望

151

形态特征

　　家麻雀是我们最常见的一种鸟，与人类的关系密切。雄鸟上体
呈栗红色并具有黑色纵纹，下体呈灰白色，喉部和上胸呈黑色。雌
鸟上体呈棕色并具有黑色纵纹，下体呈灰白色，眉纹呈皮黄色。家
麻雀常给人一种羽毛凌乱的感觉。

 **繁殖行为**

每年的 4 月家麻雀进入繁殖期。雄鸟会在心仪的雌鸟面前振动翅膀并 "唱歌"。它们的领地意识较强，而且相当有侵略性，它们会驱逐已经在当地筑巢的鸟。

📍 **分布图**

■ 留鸟

◀ **群体活动**

 生活习性

▲ **觅食**

你知道吗？

家麻雀的 "家" 究竟在哪里？
家麻雀并不像大多数鸟类衔材筑巢，而是会选择在一些墙壁的缝隙、管道通风口、天然树洞或者啄木鸟废弃的树洞中筑巢。

家麻雀喜欢群体生活，常出现在村庄、农田等人类居住的环境中。它们习惯下蹲，松弛的胸羽可以将腿覆盖。通常情况下，它们的飞行路线笔直，并带有呼呼的声音。

家麻雀喜欢吃家麻雀喜欢吃蝉、金龟甲、象鼻虫和瓢虫等昆虫，以及植物的果实和谷物。它们偶尔也会吃一些小青蛙、软体动物和甲壳类动物。

麻雀

Passer montanus

雀形目·雀科 Ⓛ

麻雀是最常见的鸟类之一，
无论是城市还是乡村都可以
见到它们的身影。北京地区
的人常称麻雀为"家雀儿"
或者"老家贼"。

虹膜暗红褐色

喉部黑色

▲ 群体活动

形态特征

　　麻雀体型较小，全身整洁美观。上体为沙褐色并具黑色纵纹，
下体为污白沾褐色，喉部为黑色，颈部戴有白色"颈环"。它们脸颊
处的黑斑是与家族其他成员区分的标志。雌鸟和雄鸟羽色相似。

繁殖行为

每年的3月麻雀进入繁殖期。雄鸟会站立不安，不停地抬头张望，并发出吵嚷、复杂的鸣叫声。结为伴侣后的麻雀会用干稻草在树洞或者墙缝中筑巢，内部垫一些羽毛。巢筑好之后，雌鸟和雄鸟会共同孵卵育雏。

📍 **分布图**

　　留　鸟

▲ 飞行

生活习性

麻雀常集体活动，尤其在秋季的田野上，有时它们也会成群地站在电线上。

麻雀性格活泼，在地面寻找食物的时候会向四周观看，确认无危险时会用双脚蹦着行走并发出"jiu-jiu"声。在遇到惊扰时，它们会飞到屋顶或者树上。它们的翅膀较短，所以一般不会高飞或者远飞，不过它们的速度却很快。

麻雀喜欢吃一些谷物和植物的种子，繁殖期间会吃大量的昆虫。

▲ 喂食

你知道吗？

麻雀非常喜欢干净，它们喜欢"洗"沙浴——将沙子直接扬在自己身上，或者干脆在沙地中翻滚，这样可以有效地帮助它们除去身上的脏东西。

154

灰鹡鸰

Motacilla cinerea

雀形目·鹡鸰科 LC

鹡鸰家族中的大部分成员都能不断地上下摇动尾巴，但论起摇动尾巴的持续性，非灰鹡鸰莫属。

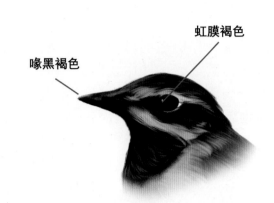

喙黑褐色

虹膜褐色

▲ 飞行

♂ ad. sum.

 形态特征

　　在鹡鸰家族中，灰鹡鸰的身形最纤细。它们的上体呈灰色，眉纹为白色，尾巴较长，飞行的时候会露出白色的翼镜和黄色的腰部。雄鸟喉部的颜色会随着季节的变化而变化——夏季为黑色，冬季为白色。雌鸟的喉部四季皆为白色。

生活习性

　　灰鹡鸰一般喜欢单独活动，进入繁殖期之后会成对活动。它们喜欢在水岸边的树上停歇，或者很娴熟地在岩石间行走，或者悠闲地在水滩上涉水行走，不过适宜的水深度仅没过脚面。

▲ 捕食

📍 分布图

▨ 夏候鸟

　　灰鹡鸰喜欢在水岸边或者飞行的过程中捕食一些蚂蚁、甲虫、蜘蛛等。

繁殖行为

　　每年的5月灰鹡鸰进入繁殖期。它们会不停地鸣叫，互相追逐。结为伴侣的灰鹡鸰会在石头缝隙或者河岸边等地筑巢。在雌鸟选址的时候，雄鸟会在高处侦察，以防其他鹡鸰靠近。巢穴筑好之后，雌鸟开始产卵，一窝有5枚左右。雌鸟和雄鸟会共同孵卵、共同育雏。

▲ 群体活动

你知道吗？

　　灰鹡鸰在孵卵的时候，通常情况下会有一只鸟承担起警戒的职责，在察觉到危险的时候就会发出警戒声，而另一只在巢穴中孵卵的鸟就会从巢穴中飞出来，共同赶走敌人，保护它们的孩子。

156

黄鹡鸰

Motacilla tschutschensis

雀形目·鹡鸰科 LC

黄鹡鸰的宝宝一般在 14 天左右就可以破壳，由雌鸟和雄鸟共同养育。

喙黑色

虹膜褐色

♂ br.

M. t. tschutschensis

▲ 飞行

形态特征

　　黄鹡鸰上体呈橄榄绿色，下体呈黄色，头部呈灰色，两侧分别有一道白色眉纹。雄鸟在第一年从夏羽到冬羽过渡时，下体的颜色会从鲜亮的黄色逐渐变为白色，只有臀部略带浅黄色。雌鸟的臀部为白色。

 **繁殖行为**

每年的5月黄鹡鸰进入繁殖期。雌性和雄性黄鹡鸰会共同找一些枯草茎在河边的草丛中或者一些特别隐蔽的地方筑巢，里面再铺垫一些动物的毛发。

▲ 筑巢

 分布图

夏候鸟

旅 鸟

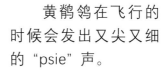 **生活习性**

黄鹡鸰在飞行的时候会发出又尖又细的"psie"声。

黄鹡鸰喜欢吃昆虫，如蚁类和蛾等。

1st win.

 文化链接

据说，鹡鸰是哈尼族牛德和牛沙的好朋友，不仅挽救了他们的生命，还帮助他们过上了好日子。哈尼族的传统舞蹈——棕扇舞被评为国家级非物质文化遗产，其中就有"鹡鸰点水"这一段。

你知道吗？

你知道怎么从外形上区分黄鹡鸰和灰鹡鸰吗？

黄鹡鸰的背部呈橄榄绿色或者灰绿色，而灰鹡鸰的背部呈灰色；黄鹡鸰的脚呈黑色，灰鹡鸰的脚呈粉灰色；灰鹡鸰的尾巴较长，而黄鹡鸰的尾巴较短。

黄头鹡鸰

Motacilla citreola

雀形目・鹡鸰科 (LC)

黄头鹡鸰的飞行能力很强。它们总喜欢在山峰的顶部和谷底之间来回穿梭，画出一条波浪线。

虹膜暗褐色

喙黑色

♂ ad. sum.

▲ 飞行

M. c. citreola

159

 形态特征

　　雄鸟有着金黄色的脑袋和胸部，背部呈黑色或者灰色，尾羽外侧有两块白斑。 雌鸟仅眉纹和喉部呈黄色。黄头鹡鸰是鹡鸰家族中羽色最艳丽的成员。

 **繁殖行为**

每年的4月黄头鹡鸰就从温暖的南方迁回北方开始为繁殖做准备。它们一般会在浅滩里筑巢、产卵，然后共同育雏。

📍 **分布图**

　　　夏候鸟

　　　旅　鸟

▲ 觅食

♀ ad. sum.

生活习性

黄头鹡鸰一般在水边生活，不过，千万不要因为它们生活在水边就认定它们喜欢吃鱼，其实它们时常沿着水边小跑追捕一些昆虫，如蚊子。

它们非常机警，喜欢用两条纤细的腿迈着敏捷的步伐在水中涉水行走，水深可以淹没其整个腹部，相当于洗了个澡。

你知道吗？

你知道未成年的黄头鹡鸰长什么样子吗？

黄头鹡鸰的宝宝羽色以灰色为主，泛有一点点黄色，与成年的黄头鹡鸰有明显的差别。

160

白鹡鸰

Motacilla alba

雀形目·鹡鸰科 (LC)

白鹡鸰的羽色没有多余的色彩，只有黑白两色。它们的颈部为黑色，就像戴了一个黑色的领巾，将喉部与胸部分开。

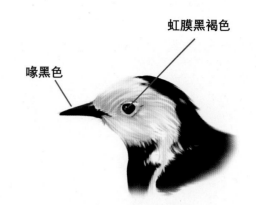

喙黑色

虹膜黑褐色

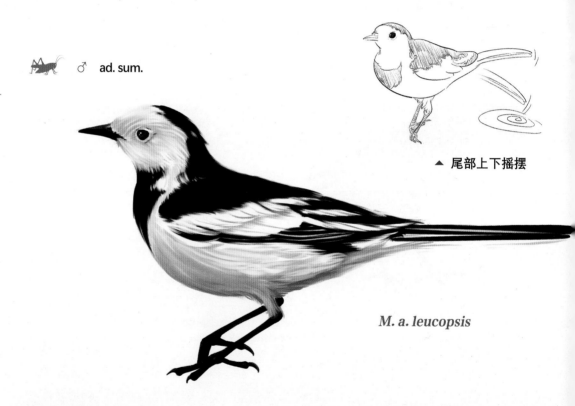

♂ ad. sum.

▲ 尾部上下摇摆

M. a. leucopsis

 文化链接

　　白鹡鸰的社群性很强，一旦其中一只离群，其余的白鹡鸰就会一起去寻找，所以人们认为白鹡鸰是一种很重情义的鸟类。《诗经》中有"脊令在原，兄弟急难"，这里的"脊令"就是鹡鸰，用以比喻兄弟之间的情谊。

 **繁殖行为**

每年的4月白鹡鸰进入繁殖期。求偶时，雄鸟会在空中紧紧跟着雌鸟，待雌鸟下落飞行时，雄鸟就会快速地振动翅膀并发出低沉的叫声，围绕在雌鸟的周围，对雌鸟紧追不舍。

▲ 求偶

分布图

▨ 夏候鸟

 **生活习性**

白鹡鸰活泼好动。它们喜欢在远离水域的地方捕食蝗虫和蝉等昆虫，偶尔也会吃一些浆果。遇到人类的时候它们会斜着起飞，边飞边发出"jilin-jilin"声，清脆悦耳。奇怪的是，不论它们停栖在哪里，长长的尾羽总会上下摆动。它们也喜欢落在水边，所以它们又被称为"点水雀"。

你知道吗？

你知道白鹡鸰为什么叫"张飞鸟"吗？

鲁迅曾描述白鹡鸰的性子急躁，在被捕捉后是不能养过夜的。它们的羽色像戏剧中的张飞脸谱，所以白鹡鸰又被称为"张飞鸟"。

162

布氏鹨

Anthus godlewskii

雀形目·鹡鸰科 (LC)

布氏鹨在繁殖期间，一般会选择比较隐蔽的草地或者农田筑巢，产卵后由雌鸟孵卵，雄鸟担负起警戒和照顾雌鸟的责任。

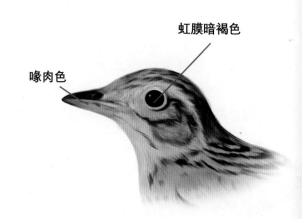

虹膜暗褐色

喙肉色

♂

▲ 正面形态

形态特征

布氏鹨上体呈暗褐色，下体呈皮黄色，头部和背部纵纹较多，胸前有暗褐色的纵纹，喉侧还有黑褐色的纵纹。

 **繁殖行为**

每年的5月布氏鹨进入繁殖期。雄鸟会驱赶领地内的其他雄鸟，然后"精心编曲"，为心仪的雌鸟"歌唱"。

◄ 觅食

张望 ▶

⚲ 分布图

░ 夏候鸟

▓ 旅 鸟

生活习性

布氏鹨会通过眼睛观察猎物，然后在空中进行捕捉。它们喜欢吃蝗虫、象鼻虫和蜗牛等，偶尔也吃谷粒和草籽。

布氏鹨一般喜欢成对或者成小群活动，只有在迁徙的时候会结成大规模的群体。布氏鹨性情机警，它们在警戒的时候会竖直站立，而受惊的时候会飞到附近的树上。

你知道吗？

鹨类家族中成员颇多，外形相似。一般可以分为：腹部两侧没有纵纹的鹨类，如布氏鹨；腹部两侧有纵纹但是背部纵纹不明显的鹨类，如树鹨、黄腹鹨和水鹨；背部纵纹比较厚重的鹨类，如红喉鹨。

树鹨
Anthus hodgsoni

雀形目·鹡鸰科 (LC)

树鹨又叫木鹨、麦加蓝儿或者树鲁。它们的两翅修长，飞行姿态十分优美。

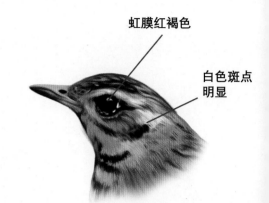

虹膜红褐色

白色斑点明显

♂

A. h. yunnanensis

▲ 正面形态

形态特征

　　树鹨背部呈橄榄绿色并且有褐色的纵纹，不过相比胸前的黑色纵纹不是很明显。它们下体为灰白色，眉纹为乳白色或者棕黄色，耳羽处有显著的白色斑块。

 繁殖行为

每年4月下旬雄鸟就会表现得异常活跃。它们会发出"chi-chi-chi"声从地面起飞，或者在地面上追逐嬉戏。进入繁殖期的树鹨通常会在草丛中筑巢。巢穴筑好后便由雌鸟负责孵卵，雄鸟负责警卫。

▲ 觅食

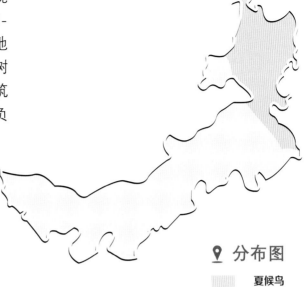

 分布图

▨ 夏候鸟

▲ 嬉戏

你知道吗？

树鹨的雏鸟在刚出生的时候飞行能力并不强，只能依靠父母喂食；约在第4天的时候，它们的觅食能力则会变强；15天之后就会跟随亲鸟一起外出觅食。

 生活习性

在树林、草地等地可以经常看到树鹨的身影，它们喜欢在林间空地和树冠的顶端鸣叫。树鹨性格活泼但不失机警，受到惊吓的时候就会边飞边发出"teez"声。它们不仅可以在树干上行走，还可以在草丛中奔跑觅食。

它们喜欢吃蝗虫、蚂蚁、蜘蛛和蜗牛等，偶尔也会吃苔藓和谷粒等。

166

红喉鹨

Anthus cervinus

雀形目·鹡鸰科  **LC**

一听红喉鹨的名字，就知道
它们的喉部是红色的。

眉纹栗红色　　虹膜褐色

♂ br.

▲ 鸣叫

形态特征

　　红喉鹨背部有厚重的黑色纵纹。在夏季，雄鸟上体呈灰褐色，
喉部和胸部呈棕红色，下体呈棕黄色；在冬季，雄鸟上体主要为黄
褐色，喉部为白色。雌鸟和雄鸟羽色相似，但喉部呈暗粉红色。

167

繁殖行为

红喉鹨的繁殖期从6月开始，通常会在凹陷的地方或者土丘上用草茎筑巢，上面垫一些动物毛发等。雌鸟产卵后，雄鸟会与雌鸟共同孵卵育雏。

📍 分布图

▮ 旅 鸟

▲ 飞行

生活习性

红喉鹨一般会成对觅食，它们喜欢吃蚂蚁和甲虫等昆虫及其幼虫，偶尔也会吃一些植物的种子。

红喉鹨飞行时会发出尖细的"滋——"声，叫声清脆悦耳。它们会从地面起飞，持续上升，然后滑翔一段距离，再盘旋式下降，就像纸飞机似的。

▲ 张望

你知道吗？

红喉鹨一般会产5~6枚卵，卵呈灰色、淡蓝色或者橄榄灰色，上面布满暗色的斑点。

黄腹鹨

Anthus rubescens

雀形目·鹡鸰科 LC

黄腹鹨的腿又细又长，后趾有长长的爪，适合在地面行走。它们行走的时候可不像麻雀那样用双脚蹦来蹦去，而是迈着小碎步。

眉纹皮黄色　　虹膜褐色

▲ 上下摆动的尾部

♂ non-br.

形态特征

　　黄腹鹨的上体呈褐色，下体有很厚重的黑色纵纹，颈侧通常有大块黑斑，眉纹比起家族中的其他成员更为别致；浅色的眼先与眉纹连在一起，并一直延伸到眼后；头顶部有黑色的纵纹，一直延伸到背部，并逐渐变淡。

 繁殖行为

每年的5月黄腹鹨进入繁殖期。雌鸟和雄鸟会共同筑巢，它们会把巢筑在隐蔽的地方，并共同养育自己的宝宝。

 分布图

　　　　　旅　鸟

▲ 飞行

生活习性

▲ 成对活动

你知道吗?

你知道黄腹鹨和树鹨之间的区别吗？

与黄腹鹨相比，树鹨的背部纵纹较少；黄腹鹨的耳羽处有黑色斑块，而树鹨有白色斑块。

黄腹鹨在休息的时候尾部会一上一下地摆动。

黄腹鹨的性格比较活跃，一般喜欢集体活动。它们会不停地在地面上或者灌木丛中捕食昆虫，偶尔也会吃一些植物的种子。它们在飞行的时候会发出类似"丘喂丘喂丘喂丘喂"的声音。

水鹨

Anthus spinoletta

雀形目·鹡鸰科 (LC)

水鹨的分布十分广泛，遍布欧亚大陆和北美大陆，甚至在南极洲、澳洲和非洲都可以见到它们的身影。

虹膜褐色

喙暗褐色

♂ br.

▲ 觅食

形态特征

　　水鹨的眉纹呈乳白色或者棕黄色，上体呈灰色；背部散布着一些褐色的纵纹，但不甚明显；下体呈灰白色，不过在繁殖期喉部和胸部会带有一点葡萄红色，下体则会变为橙黄色。

生活习性

水鹨喜欢单独活动或者成对活动。它们十分机警，在捕食的时候可以快速奔跑。它们喜欢吃一些昆虫和植物的种子。

分布图

▨ 夏候鸟

▧ 旅　鸟

▲ 栖息

▲ 筑巢

它们在飞行的时候会发出"唧唧"声，飞行到一定高度后会绕着自己的领地转一圈，然后再慢慢落下。

水鹨喜欢在水中玩耍，还时不时地低头看看水中的自己，整理整理羽毛，再抖一抖，好像这样就可以抖掉全身的不舒服似的。

水鹨的适应能力特别强，它们会根据地理环境筑巢，是优秀的建筑大师。筑巢的材料会选用一些枯草茎和柔软的羽毛。

你知道吗?

你知道水鹨和黄腹鹨在繁殖期间有什么区别吗？

水鹨的背部呈棕黄色，黄腹鹨呈灰色；水鹨的脚呈肉色或者暗褐色，黄腹鹨呈暗黄色；水鹨的颈部没有黑色斑块，黄腹鹨有黑色斑块。

172

苍头燕雀

Fringilla coelebs

雀形目·燕雀科 ⓛⓒ

苍头燕雀是由瑞典的生物学家林奈命名，拉丁学名中"*coelebs*"意为单身汉，因为在林奈的家乡，雌鸟在冬季迁徙的时候常常会抛弃雄鸟。

额部黑色　　虹膜褐色

群体活动

♂

形态特征

苍头燕雀体型中等，有美丽的斑纹。雄鸟的头顶及后颈为蓝灰色，上背为栗褐色，脸部和胸部为红褐色。雌鸟头顶及颈部为绿色，上背为灰绿色，脸部及胸部为浅褐色。

 **繁殖行为**

每年的5月苍头燕雀进入繁殖期。它们会组成同性群体前往繁殖地，所以又被称为"独身主义者"。它们有严格的巢区制度，结为伴侣的雌鸟和雄鸟会在橡树和桦树等树木上共同筑巢。

▲ 同性群体

生活习性

▲ 觅食

📍 **分布图**

▢ 旅 鸟

除繁殖期外，苍头燕雀常成群活动。它们十分聪明，性格活泼，胆子较大，常常在树上和灌木丛中觅食。苍头燕雀喜欢吃一些植物的种子，繁殖期间以昆虫为食。

苍头燕雀十分团结，当一些鸟类入侵它们集中居住的领地时，它们就会对入侵者发起总攻，直到将其赶走。

它们的叫声比较特别，会发出带有金属音的"chink"声或者响亮的"wheet"声，极富韵律。

苍头燕雀在地面活动时，头部会一点一点地晃动并迈着轻快的步伐前进。

你知道吗?

在苍头燕雀的巢穴中经常可以看到许多烟头，难道它们喜欢烟吗?

其实不是，它们只是借用尼古丁来杀菌。

174

燕雀
Fringilla montifringilla

雀形目·燕雀科 (LC)

燕雀是一种非常小巧可爱的
小型鸟类，成年后的体长约
15 厘米。

喙基角黄色

虹膜褐色

♂

▲ 觅食

175

形态特征

  燕雀雄鸟的上体呈黑色，喉部和胸部呈橙黄色，腹部至尾下
覆羽为白色，翅膀上有醒目的白斑。雌鸟上体呈褐色，胸部呈浅棕
色，腰部为白色。

繁殖行为

　　每年的5月燕雀进入繁殖期。它们会将巢筑在距离地面高度4米左右的松树和桦树等树上，巢材主要为桦树皮、枯草、苔藓和柔软的动物毛发等。

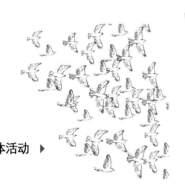

群体活动 ▶

📍 分布图

　　旅　鸟

　　冬候鸟

　　夏候鸟

生活习性

　　除繁殖期外，燕雀常成群活动，尤其在迁徙期间，数量可能多达上千只。它们喜欢生活在林地、农田和公园等地，白天会在树上或者地面上跳跃着觅食，晚上又回到树上睡觉。

　　燕雀的环境适应能力很强，而且数万年间从未分化出其他亚种，始终保持着纯正的血脉。

　　燕雀喜欢吃一些植物的种子和果实，尤其钟爱杂草的种子，繁殖期间喜欢吃昆虫，补充营养。

♀

你知道吗？

　　我们常说"燕雀安知鸿鹄之志"，"燕雀"没有什么远大的目标，是真的吗？

　　其实这是一种偏见。燕雀的体型虽小，但是它们每年都会进行大规模的迁徙，成千上万只燕雀集群，仿佛一支经过训练的军队，声势浩大。

176

锡嘴雀

Coccothraustes coccothraustes

雀形目·燕雀科 LC

锡嘴雀的翅膀上有带状白斑，飞羽形状独特并具有蓝紫色的金属光泽。

虹膜红褐色

喙较粗

♂ br.

觅食 ▶

 形态特征

　　锡嘴雀是一种身形较胖、头较大、嘴巴较粗的鸟类。它们的头顶至背部呈棕褐色，喉部呈黑色，后颈部围着一条灰色的"围巾"；下体颜色较淡呈黄褐色，并慢慢渐变为白色。雌鸟和雄鸟羽色相似。

177

 **繁殖行为**

每年的5月锡嘴雀进入繁殖期。雄鸟几乎不会像其他鸟类一样进行求偶鸣唱。它们会用苔藓和地衣等材料在一棵极为隐蔽的阔叶树上筑巢。待雌鸟孵完卵之后，雄鸟会和雌鸟共同育雏。

♀ 分布图

旅 鸟
留 鸟

栖息 ▶

生活习性

♀ br.

除繁殖期外，锡嘴雀喜欢单独或成对活动。它们的性格比较安静，主要生活在山地、平原以及果园等地。

繁殖期间锡嘴雀会在茂密的树冠层中过着隐秘的生活，不易被察觉。在受到惊扰的时候它们便会立刻飞走，经过长时间的飞行后再停到树上。它们的飞行速度很快，常呈波浪状飞行，并会发出"si-"声。

锡嘴雀喜欢吃枫树的果实，尤其喜欢吃野樱桃的种子。

你知道吗？

锡嘴雀的嘴巴近似圆锥形，当它们取食带有硬壳的果实时，就会用它们粗壮的嘴咬开果壳。它们的嘴巴十分有力，咬合力可达30~50千克。

178

红腹灰雀

Pyrrhula pyrrhula

雀形目·燕雀科 Ⓛ

红腹灰雀喜欢吃植物的种子和果实等，不过它们更偏爱树芽。

虹膜褐色

喙灰黑色

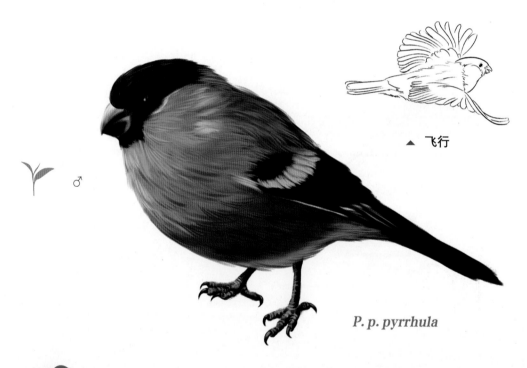

♂

▲ 飞行

P. p. pyrrhula

179

 **形态特征**

　　红腹灰雀是一种身形圆胖的鸟类。雄鸟上体呈灰色，脸颊、喉部和胸腹部呈深粉色，腰部呈白色，尾羽呈紫黑色。雌鸟背部呈灰色微沾棕色，下体呈褐灰色，其余似雄鸟。

繁殖行为

每年的4月红腹灰雀进入繁殖期。雄鸟会将两翅下垂，露出白色的腰带，站在较高的树枝上鸣唱，它们还会将尾羽向一边散开，不停地转动身体。它们会用禾本科植物的茎和动物的羽毛在茂密的树上筑巢。

▲ 觅食

📍 **分布图**

冬候鸟

夏候鸟

生活习性

红腹灰雀常单独或者成对活动，它们从来不会结成大群，只会成小群活动。

红腹灰雀性情安静，俏皮而娇羞，喜欢生活在灌木丛中。它们常三五成群地在树冠间飞舞，飞行速度很快，呈波浪式飞行，但安静无声。

红腹灰雀喜欢在乔木和灌木上觅食，不经常到地面。它们不但可以在树上灵巧地攀缘，还可以悬垂在细枝上取食植物的种子。

♀

你知道吗？

你读过《灰雀》吗？

《灰雀》是一篇耐人寻味的文章。讲述了一个小男孩在列宁的言行影响下，把捉回家的"灰雀"重新放回自然。列宁问小男孩："孩子，你看见过一只深红色胸脯的灰雀吗？"其实这里指的便是红腹灰雀的家族成员。

蒙古沙雀

Bucanetes mongolicus

雀形目·燕雀科 LC

蒙古沙雀又被称作土红子。它们的分布较为广泛，而且在新疆、西藏和宁夏等地都是留鸟。

虹膜暗褐色

喙肉黄色

▲ 求偶

♂

181

形态特征

　　蒙古沙雀的体羽以沙褐色为主，肉质色的嘴巴短小而厚重。蒙古沙雀的眉纹和喉部沾粉色，前胸呈粉红色，翅膀上有两道白色翼斑。雌鸟和雄鸟羽色相似。

 **繁殖行为**

每年的5月蒙古沙雀进入繁殖期。雄鸟会发出求偶的鸣叫声吸引雌鸟。结为伴侣后，它们会用枝叶等材料在岩石的缝隙和土崖等地筑巢，里面垫一些柔软的动物毛发。

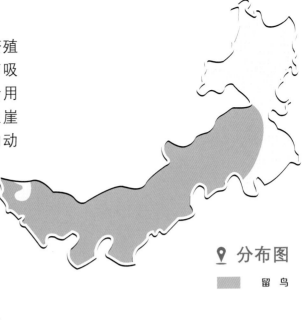

📍 **分布图**

▮ 留鸟

▲ 栖息

 生活习性

蒙古沙雀常成群在地面活动，经常出现在荒漠和半荒漠的开阔地带，不常出现在茂密的森林中。

蒙古沙雀的性格温顺，不惧人。它们在地面取食时通常匍匐前进。它们不会长时间在灌木丛上停息，以减少被天敌发现的概率。它们还有固定的饮水地。

蒙古沙雀的食谱中有植物的种子、嫩叶和果实等，偶尔还会吃一些谷物。

▲ 群体活动

你知道吗？

蒙古沙雀的叫声为缓慢的"do-mi-sol-mi"，而且多带重复的短句和"唧唧"声。

巨嘴沙雀

Rhodospiza obsoleta

雀形目·燕雀科 LC

一听巨嘴沙雀的名字，不难想到它们有着巨大的嘴巴。

虹膜暗褐色

喙黑色

▲ 群体活动

♂

183

形态特征

巨嘴沙雀上体呈沙褐色，下体呈淡沙棕色，从喉部至尾部渐渐变淡为白色，腰部和翅膀沾粉红色。雄鸟有黑色的眼先，而雌鸟没有。

 繁殖行为

　　每年的 4 月巨嘴沙雀进入繁殖期。雌鸟会用细枝、细麻和棉花等材料在灌木丛中筑巢，巢的结构精美紧密。雌鸟和雄鸟会共同孵卵、养育它们的宝宝。

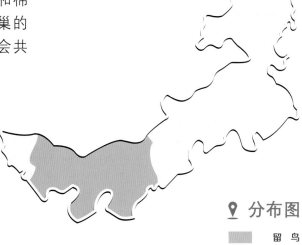

9 分布图

███ 留鸟

◀ 觅食

生活习性

　　除繁殖期外，巨嘴沙雀常成群活动。它们常生活在干旱的荒漠和半荒漠地区，如梭梭林和胡杨林等。在冬天，它们常成群游荡，甚至连喝水、觅食都要共同前往。它们飞行快速有力，常发出轻柔的"prrrvv，prrrvv"声。它们经常在茂密的灌木丛或者树丛中停息。

　　巨嘴沙雀是素食主义者，它们喜欢吃植物的种子和果实等。

♀

你知道吗？

　　你知道雄性巨嘴沙雀和蒙古沙雀之间的差别吗？

　　雄性巨嘴沙雀的眼先和嘴部为黑色，羽色以淡沙棕色为主，仅翅膀沾有一点粉红色，会在灌木丛中停息。而蒙古沙雀的羽色以沙褐色为主，嘴呈肉质色，前胸多呈粉红色，它们不会在树上待很久。

普通朱雀

Carpodacus erythrinus

雀形目·燕雀科 (LC)

普通朱雀的雄鸟在雌鸟筑巢、
孵卵的时候负责警戒，待雏鸟
破壳后则会共同育雏。

虹膜暗褐色

喉部玫瑰红色

C. e. grebnitskii ♂

▲ 觅食

 形态特征

　　普通朱雀是一种嘴巴较钝的小鸟，温和的脸上长着一双明亮
的小眼睛。雄鸟第一年的羽色和雌鸟一样，第二年开始上体变为橄
榄褐色，头部和喉部变为深玫瑰红色，并延伸至两肋，颜色逐渐变
淡。雌鸟羽色暗淡，上体呈灰褐色或者橄榄褐色。

 **繁殖行为**

每年的5月普通朱雀进入繁殖期。雄鸟会站在树枝上鸣叫，并不时地在树丛中飞上飞下。雌鸟会在灌木丛中用一些枯草叶和枯草茎筑巢，虽然结构较松散，但是也很牢固。

▲ 飞行

 📍 **分布图**

　　　夏候鸟

　　　旅　鸟

♀

你知道吗？

中国古代神话传说中有四方神，分别是青龙、白虎、朱雀和玄武。朱雀掌管南方，可以给人间带来祥瑞。但此朱雀非彼朱雀。不过普通朱雀的雄鸟也身披深玫瑰红色羽毛。

🕊 **生活习性**

除繁殖期外，普通朱雀喜欢单独或者成小群活动。它们主要生活在山地的森林中。

普通朱雀的性格活泼，常在森林中飞来飞去，飞行时翅膀扇动的频率很快，呈波浪状飞行。它们很少鸣叫。

普通朱雀喜欢吃植物的种子、花序、嫩叶和果实等，繁殖期会吃一些昆虫以补充营养。

186

红眉朱雀

Carpodacus pulcherrimus

雀形目·燕雀科 LC

红眉朱雀虽为朱雀，
但雄鸟羽色并不呈红
色，而是偏粉红色。

虹膜暗褐色

♂

▲ 张望

187

形态特征

　　红眉朱雀的雄鸟上体呈褐色，下体呈粉红色，有较细的纵纹。
雌鸟羽色暗淡，和"朱"一点都不沾边，上体呈灰褐色，下体呈白色
并有黑褐色的纵纹，眉纹呈黄色。

繁殖行为

每年的5月红眉朱雀进入繁殖期。它们会发出轻柔的"tu~tu~tu~tu"和"ci~ger"声，声音美妙悦耳。它们会用枯草茎和枯草叶等材料将巢筑在灌木丛中。孵卵的任务由雌鸟全权负责。

📍 **分布图**

▓ 留 鸟

▲ 觅食

生活习性

红眉朱雀常单独活动，不过冬季多成小群活动。红眉朱雀喜欢生活在阔叶林或者灌木丛中。它们性情温顺，胆子较大，但在遇到危险的时候便会一动不动地待在树丛中，直至危险解除才会离开。

红眉朱雀喜欢吃一些植物的种子和果实，一般以草籽为主。

▲ 栖息

你知道吗？

红眉朱雀的雌鸟和雄鸟羽色相差甚远，你知道为什么吗？

在鸟类这一群体中，雄鸟的羽色一般情况下要比雌鸟鲜艳，这是因为雌鸟担任繁殖后代的重任，暗淡的羽色可以帮助它们躲避敌人，更好地隐藏。

188

长尾雀

Carpodacus sibiricus

雀形目·燕雀科 ⓛⓒ

长尾雀属于家族中
尾巴较长的成员。

虹膜褐色

喙角褐色

♂

栖息环境

C. s. sibiricus

189

 形态特征

　　雄鸟的前额为玫红色，眼先为深玫瑰红色，翅膀上有宽阔的白色翼斑。雌鸟全身为深黑褐色，带有明显的纵纹，翅膀上有白斑。

 **繁殖行为**

每年的5月长尾雀进入繁殖期。雄鸟会站在小树枝上频繁地鸣唱，声音婉转多变，听起来像一种悦耳的哨声。结为伴侣的长尾雀会共同筑巢、轮流孵卵，并共同育雏。

 分布图

▨	冬候鸟
▨	夏候鸟
▨	留鸟

▲ 鸣唱

♀

生活习性

除繁殖期外，长尾雀常成群活动。它们主要生活在灌木丛、公园和农田等地。

它们的性格活泼，常在树枝间来回跳跃。它们动作敏捷，可以巧妙地攀在草穗上。它们会在灌木层等植被的中下层觅食，有时也会到地上觅食。

长尾雀的飞行速度较慢，边飞边发出多音节的"tsi～tsu～tsi～tsu"声，声音婉转似山雀的叫声。

长尾雀喜欢吃一些植物的种子、果实及浆果等，繁殖期会吃一些昆虫。

你知道吗？

雄性长尾雀就是一个毛茸茸的粉红色系"萌啾"，圆溜溜的小眼睛好像在告诉你："不要碰我，人家很害羞。"

190

白眉朱雀

Carpodacus dubius

雀形目·燕雀科 LC

白眉朱雀又称为中华白眉朱雀，是中国中西部高原及山地的特有种，因有宽阔的白色眉纹被称为白眉朱雀。

虹膜暗褐色

眉纹白色

♂

▲ 张望

191

 形态特征

　　白眉朱雀雄鸟的前额和眉纹中段为深红色，腰部为玫瑰红色，上体呈褐色，下体呈紫粉红色。雌鸟上体为沙棕褐色，下体为白色，全身布满黑褐色的纵纹。

 **繁殖行为**

每年的7月白眉朱雀进入繁殖期。它们会用枯草茎和枯草叶等材料在灌木丛中筑巢,里面垫一些柔软的动物毛发。雌鸟负责孵卵,待雏鸟破壳之后,雄鸟会参与育雏。

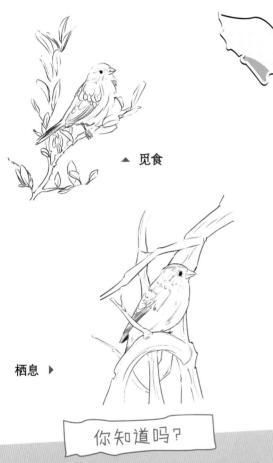

▲ 觅食

栖息 ▶

📍 **分布图**

▨ 留鸟

生活习性

除繁殖期外,白眉朱雀多成小群活动。它们喜欢生活在中高海拔地区的灌木丛和草地等区域。

白眉朱雀会进行垂直迁徙。夏天,它们会生活在海拔较高的地方,而冬天就会迁到海拔较低的地方。

白眉朱雀的胆子较大,它们会在地面或者开阔的灌木丛中取食。休息时它们便停在灌木丛顶端发出似羊叫的"mie ~ mie ~ mie"声。

白眉朱雀喜欢吃一些植物的种子和果实等。

你知道吗?

你知道还有哪些鸟类的名字中带有"中华"两个字吗?

中华秋沙鸭、中华姬鹟和中华鹧鸪等名字中都带有"中华"两个字。其实红眉朱雀、赤腹鹰和画眉的名字中也带有"中华"两个字,但是我们好像左看右看也没找到"中华",原来是藏在它们的英文名字中,它们的英文名字都是以"Chinese"开头。

北朱雀

Carpodacus roseus

雀形目·燕雀科 LC

在雄鸟求偶成功之后，筑巢和孵卵等事情就好像与它们没有一点关系了。

虹膜暗褐色

喉部有白色的鳞状斑纹

▲ 张望

♂

形态特征

　　北朱雀身形矮胖，尾部较长。雄鸟羽色以粉红色为主，额部和喉部具有银白色的鳞状斑纹。雌鸟羽色暗淡，上体为灰褐色，下体为棕黄色并带有黑色纵纹，腰部和胸部沾粉色。

193

 **繁殖行为**

　　每年的5月北朱雀进入繁殖期。雄鸟表现得异常活跃，它们会站在树枝上发出婉转动人的声音，时而在树枝上飞上飞下，时而从一棵树飞到另一棵树上。

📍 **分布图**

▨ 冬候鸟

▲ 觅食

♀

你知道吗?

　　你知道如何区分雄性北朱雀和白眉朱雀吗?

　　雄性北朱雀的前额至后枕部有白色的鳞状斑纹，没有明显的眉纹，腹部呈白色。雄性白眉朱雀的前额至后枕部有宽阔的白色眉纹，腹部中央呈白色。

生活习性

　　除繁殖期外，北朱雀多喜欢成群活动，通常是五六只或者十余只在一起，有时也会和其他鸟类混居。

　　北朱雀平时比较安静，偶尔会发出短促的鸣声，听起来抑扬顿挫。

　　它们常生活在灌丛、农田和果园中，平时会站在树枝上，只有在觅食的时候才会落地。北朱雀喜欢吃植物的种子和果实，有时也会吃谷物，在繁殖期间则以昆虫为主。

　　它们很善于隐藏自己，一旦遇到危险就会马上飞走，并发出短促的"zi～ci～zi"声。

金翅雀

Chloris sinica

雀形目·燕雀科 （LC）

金翅雀的翅膀上有一大块黄色翼斑，无论站立还是飞行都十分醒目，所以称为金翅雀。

头顶青灰色　　虹膜栗褐色

♂

▲ 栖息

195

形态特征

　　雄鸟头顶呈青灰色，背部呈栗褐色，腰部和尾下覆羽呈金黄色，眼先处画着厚重的黑色"眼影"。雌鸟头顶呈灰色，上体呈褐色，下体近白沾黄色，胸部有淡灰褐色纵纹。

 **繁殖行为**

每年的 3 月金翅雀进入繁殖期。雄鸟表现得异常活跃，它们会在树冠层间来回飞舞，围着雌鸟唱出温柔甜美的"歌"。雌鸟和雄鸟会在林间相互追逐打闹。金翅雀在筑巢的时候分工明确，雌鸟负责筑巢，雄鸟负责衔枝。

📍 **分布图**

▇ 留鸟

▲ 求偶

 生活习性

♀

金翅雀常单独或者成对活动，冬季时可见到上百只的大群。它们喜欢生活在平原或者山地的灌木丛和森林中，有时也可以在城市的公园中见到它们的身影，不过它们从不进入密林深处。

金翅雀的性格活泼，常在树冠层间来回飞舞，有时也会在地面活动、觅食。它们的飞行速度很快，边飞边发出清脆甜美的鸣声，并带有"jiu——"的长音。

金翅雀的食谱中有谷物、草籽和果实等。

你知道吗？

金翅雀＝小打水工？

金翅雀在 17 世纪的欧洲可谓盛行一时，因为它们的歌声婉转多变。除此之外，它们还可以掌握一些"小技巧"。比如，它们可以轻易地从小容器中盛出粮食或水，十分聪明，所以当时人们又称它们为"小打水工"。

196

极北朱顶雀

Acanthis hornemanni

雀形目·燕雀科 Ⓛ

极北朱顶雀体型较小，
身形圆胖，十分可爱。

额部红色　　虹膜褐色

♂

倒挂觅食 ▶

 **形态特征**

　　雄鸟头顶部有一块红色斑点，十分醒目；尾巴呈叉状；上体为灰白色，并有许多暗色的纵纹；腰部为粉红色，无纵纹；下体为白色沾粉红色。雌鸟头顶部的红色斑点不明显，腰部近白色，无纵纹；下体为皮黄色，并有暗色的纵纹。

 **繁殖行为**

　　每年的6月极北朱顶雀进入繁殖期。雄鸟会站在位置较高的地方鸣唱，并会进行求偶飞翔。它们用枯草茎和枯草叶等材料将巢筑在灌木丛和岩壁缝隙等地。

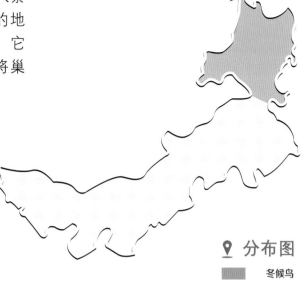

📍 **分布图**

▨ 冬候鸟

▲ 觅食

 生活习性

　　除繁殖期外，极北朱顶雀多成小群活动。它们主要生活在灌木丛、河流和湖泊等地。

　　它们常在树枝间觅食，有时可以头朝下，脚朝上地倒挂啄食。极北朱顶雀喜欢吃谷物、草籽、嫩芽、嫩叶和昆虫等。

♀

你知道吗?

　　极北朱顶雀羽毛蓬松，看起来几乎呈球形，像一个"小肥啾"。为了抵御寒冷，它们全身都有厚重的羽毛，包括脸部，使得整张脸看起来好像是被"推进去"似的。

198

红交嘴雀

Loxia curvirostra

雀形目·燕雀科

红交嘴雀的体型较小，为 15~17 厘米。雄鸟和雌鸟的羽色就像"红花"和"绿叶"。

喙尖上下交错

虹膜暗褐色

♂

▲ 觅食

 **形态特征**

红嘴朱雀不仅有强壮有力的爪子，还有奇特的嘴巴——粗壮的喙尖上下交错，像一把钳子。雄鸟的体羽偏砖红色，雌鸟的体羽为橄榄绿色。

 **繁殖行为**

红嘴朱雀是严格的 "一夫一妻制"。雌鸟孵卵期间，雄鸟会去寻找食物并喂给雌鸟。刚出生的雏鸟喙尖并非上下交错，约一个月后才会和成鸟一样。

📍 **分布图**

    留鸟

▲ 嬉戏

 生活习性

红交嘴雀在繁殖期的时候喜欢单独或成对活动，其他时间多成群结队地在一起，常在针叶林或者混交林中出现。

它们的性格活泼，会在松枝间跳来跳去寻找食物，有时会飞到地面。它们飞行的速度很快，呈波浪式，一边飞一边发出"gelim-gelim"声。

红交嘴雀喜欢吃针叶树的种子、浆果和一些昆虫，它们特别钟爱松子、榛子和云杉的种子。它们会用有力的爪子抓住针叶树的种子，再用尖嘴嗑开。有时它们会把球果啄下，衔着飞到树枝上再用双脚踩住取食。

你知道吗?

科学家做过这样的一个实验：当雌性红交嘴雀吃一些加有类胡萝卜素的饲料时就会和雄性红交嘴雀的羽色一样红，而当雄性红交嘴雀只吃大麻籽时羽色便会和雌性红交嘴雀一样绿。

白翅交嘴雀

Loxia leucoptera

雀形目·燕雀科 LC

白翅交嘴雀是一种体型中等
的雀类，翅膀上有两道明显
的白色翼斑。

虹膜深褐色

嘴尖上下交错

♂

▲ 觅食

 形态特征

　　雄鸟的上体呈朱红色，下腹呈白色，翅膀和尾部呈黑色。雌鸟
的上体呈暗绿色，脸部呈灰色，腰部呈鲜艳的淡绿色。幼鸟的上体
呈棕绿色，并带有褐色的纵纹。

生活习性

白翅交嘴雀常在针叶林中活动。它们的性格活泼，喜欢玩"杂技"，可以脚朝天空、头朝地面倒悬进食。它们的飞行速度很快，常发出似红交嘴雀的声音。

白翅交嘴雀喜欢吃落叶松的松子。

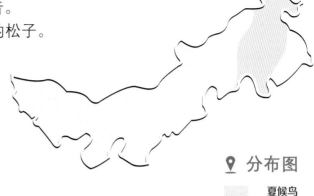

📍 **分布图**

▨ 夏候鸟

▲ 张望

♀

你知道吗？

白翅交嘴雀会选择在寒冷的地方过冬，因为这里有很多落叶松和云杉等针叶树种，可为它们提供丰富的食物。松果中的油脂不仅可以帮助它们抵御寒冷，还可以为它们提供充足的能量。

繁殖行为

春暖花开之际，许多动物便进入繁殖期，而白翅交嘴雀却反其道而行之——它们的繁殖期在银装素裹的冬季。只见"一团红色"和"一团绿色"在森林中来回飞舞，定睛一看，原来是雄鸟和雌鸟在相互嬉戏。

结为伴侣的白翅交嘴雀会用针叶和枯草等材料筑一个又厚又深的巢。在雌鸟孵卵期间，雄鸟会顶着寒冷去寻找食物喂给雌鸟。为了抵御严寒，破壳后的雏鸟自带绒毛。

202

黄雀

Spinus spinus

雀形目·燕雀科 LC

黄雀会随着季节改变自己的食谱。春、冬季会吃一些植物的种子，夏季会吃一些昆虫，秋季则吃一些浆果。

头顶黑色

虹膜近黑色

▲ 鸣唱

♂

形态特征

黄雀体型较小。雄鸟上体呈黄绿色，头顶、翅膀和尾部呈黑色，腰部呈黄色。雌鸟上体呈灰绿色，具有暗色的纵纹，下体呈暗淡黄色。

繁殖行为

每年的5月黄雀进入繁殖期，雄鸟异常活跃，常在树枝间飞来飞去，还会站在较高的树枝上发出悦耳的叫声。找到心仪的雌鸟后，雄鸟便会展开尾羽，快速地扇动翅膀进行炫耀飞翔。

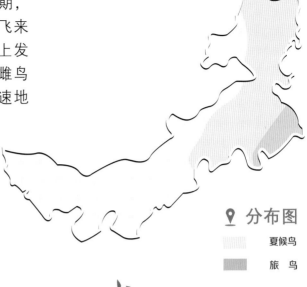

📍 分布图

▨ 夏候鸟

▨ 旅　鸟

▲ 群体活动

生活习性

黄雀多成群生活，常在山区、平原、公园和溪流等地活动。黄雀胆子较小，常成群在繁茂的树冠上活动。

它们的叫声极其美妙，复杂多变，常常发出"toolee"的金属音。

遇到危险的时候，若一只黄雀飞起，其他黄雀会爆发式地起飞，像一片黄云似的绕圈飞行。它们的飞行速度很快，边飞边发出"twillit"声。

黄雀比较"恋旧"，常会落在之前停息过的树上。

♀

你知道吗？

你真的了解黄雀吗？

中国有句俗语"螳螂捕蝉，黄雀在后"，其实黄雀很少吃螳螂，或者有些黄雀这一生都没有打过螳螂的主意，它们主要以植物为食。

白头鹀

Emberiza leucocephalos

雀形目·鹀科 (LC)

白头鹀的脸部羽毛纹路
很独特。

虹膜黑褐色

耳羽处有大块
的白斑

♂

▲ 正面形态

205

形态特征

　　雄鸟头顶为白色，旁边紧贴着两道黑色的冠纹；耳羽处有大块
的白色斑纹，边缘为黑色；喉部的栗红色填充了脸的其余部分；胸
部和喉部之间有一块月牙形的白斑。雌鸟羽色较淡，头顶有黑色的
斑纹，耳羽处的白斑不明显，喉部为白色并有黑色斑纹。

繁殖行为

每年的5月白头鹀进入繁殖期。雄鸟会站在电线上"唱歌"，以赢得雌鸟的青睐。结为伴侣后，雌鸟会变成一位"贤妻"，它们会用枯草茎和枯草叶等材料将巢筑在隐蔽的草地中，之后又负责产卵和孵卵。

📍 分布图

▢ 冬候鸟

▢ 夏候鸟

▲ 鸣叫

生活习性

♀

除繁殖期外，白头鹀多单独或者成对活动。它们喜欢生活在山地、稀疏的草坡和果园等地。

它们比较胆小，警惕性很高，附近有人时便会突然从地面飞到邻近的树冠上，并发出"ze-ze-ze-ze-ze-ze ziii"声。

在白头鹀的食谱中约97%的食物为杂草的种子和谷物等植物性食物，蚂蚁和蜘蛛等肉食性食物仅是偶尔的一顿配菜。

你知道吗？

白头鹀的分布十分广泛，从阿富汗、巴基斯坦到中国的西北和中北地区都可以见到它们的身影，而且它们的栖息地质量和种群数量比较稳定，所以白头鹀目前属于无生存危机的物种。

206

三道眉草鹀

Emberiza cioides

雀形目·鹀科

三道眉草鹀又被称为
"大白眉"或"三道
眉"。它们的脸部图纹
很特别。

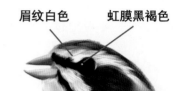

眉纹白色　　　虹膜黑褐色

♂

▲ 正面形态

207

形态特征

　　三道眉草鹀的尾羽外侧有白斑，不过只有在飞行的时候才格外
醒目。雄鸟头顶部为栗红色，眉纹为白色，眼部有一大块栗红色的
斑块，喉部为淡灰色，胸部的栗红色更深。雌鸟羽色较淡，眼后的
斑块为棕褐色，胸部为淡棕褐色，其余似雄鸟。

 繁殖行为

　　每年的4月三道眉草鹀进入繁殖期。雄鸟会站在树冠上"唱歌"。它们是"一夫一妻制"，会共同占领巢区。秋冬时节，雄鸟也会进行鸣唱，以宣示领地主权，保证第二年可以顺利繁殖。

鸣叫 ▶

📍 分布图
　　留　鸟

♀

生活习性

　　除繁殖期外，三道眉草鹀多成群聚在一起，它们会在灌木丛、农田或者草地等开阔明亮的地方活动。

　　它们比较胆小，一旦受到惊扰便会停止鸣叫并躲藏起来，或者立刻起飞。

　　三道眉草鹀在繁殖期喜欢吃蝴蝶和蝉的幼虫，在非繁殖期则会吃一些植物的种子。

你知道吗？

　　三道眉草鹀在飞行时会展开尾羽，目的是提高上升力，而且在集体行动时，如果遇到紧急情况，尾羽上的白色斑纹也可以向同伴传递危险的信号。

208

芦鹀

Emberiza achoeniclus

雀形目·鹀科 ⓛⓒ

芦鹀喜欢吃一些植物的种子和果实，以及一些昆虫、蜘蛛和甲壳类动物等。

虹膜暗褐色

颈环白色

 ♂

▲ 筑巢

 **形态特征**

　　芦鹀体型中等，嘴部较小。繁殖期雄鸟头顶部及脸侧呈黑色，脸颊呈白色并向后延伸至枕部，上体呈栗黄色，下体呈白色有暗褐色纵纹，小覆羽呈红棕色。非繁殖期雌鸟和雄鸟羽色相似，眉纹呈皮黄色，上体呈栗褐色并有黑褐色纵纹，下体呈白色。

 **繁殖行为**

每年的5月芦鹀进入繁殖期。它们会用芦苇和草茎等将巢筑在隐蔽的芦苇丛或近水的地面上。雌鸟负责孵卵，待雏鸟破壳之后，雄鸟会参与育雏。

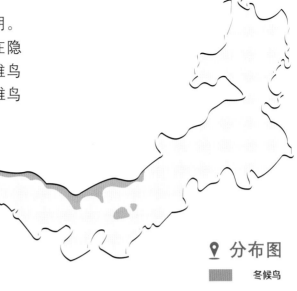

▲ 张望

📍 **分布图**

█ 冬候鸟

 生活习性

除繁殖期外，芦鹀常成群活动。它们喜欢生活在灌木丛和芦苇丛等地。

芦鹀性格活跃，常在灌木丛中窜飞。

它们会轻轻扇动并展开尾部，有时也会站在草茎的顶端发出"tsìu-"声。但受到惊扰的时候便会立刻起飞，不过它们的飞行状态不稳定，动作显得很犹豫，好像在纠结到底要不要飞似的。一旦发现一个较为隐蔽的地方，它们便会立刻降落。

♀

你知道吗?

你能分辨出繁殖期时的雄性芦鹀和苇鹀吗？

在繁殖期间，雄性芦鹀的小覆羽呈棕红色，而雄性苇鹀的小覆羽呈灰色；雄性芦鹀的腰部呈灰褐色，而雄性苇鹀的腰部呈白色。

210

小鹀

Emberiza pusilla

雀形目・鹀科 LC

小鹀体型较小，体羽和麻雀相似，但是头部的纹路比较特别，由多种色彩拼接而成。

上喙近黑色，下喙灰褐

虹膜褐色

♂

▲ 正面形态

形态特征

　　繁殖期时，小鹀的头顶部为赤栗色，侧面的冠纹为棕黑色，眉纹皮黄色，眼后有一条黑色的带状纹路，脸部为棕红色，喉部为土黄色，下体近白色并有黑色的纵纹。非繁殖期时，小鹀的体羽较淡，脸侧的黑色纹路会消失。

繁殖行为

每年的6月小鹀进入繁殖期。雄鸟会站在灌木丛的顶端发出清脆婉转的叫声。它们的领地意识较强，到达繁殖地之后便会马上占领自己的领地。

▲ 飞行

生活习性

除繁殖期外，小鹀常单独活动，迁徙的时候会见到大规模的群体。它们喜欢生活在灌木丛、草地和农田等地。

小鹀的性格活泼，常在灌木丛中跳来跳去或者在草丛中来回穿梭，还会发出单调的"chi-chi"声。不过它们也很警惕，受到惊扰时便会立刻躲避，隐藏自己。

它们飞行的时候常露出白色的尾羽，并有规律地收合，像一把扇子。

小鹀的食谱主要是植物的种子和果实，偶尔也会加一些昆虫。

▲ 栖息

你知道吗？

你知道小鹀和芦鹀的区别吗？

小鹀的体型比芦鹀小，身形比芦鹀更紧实，嘴巴比芦鹀更长、更锋利，尾部比芦鹀短。

📍 分布图

▓ 旅 鸟

212

苇鹀

Emberiza pallasi

雀形目·鹀科 🅛🅒

雄性苇鹀在换羽期间的头顶部为灰褐色且杂以黑色，颈部的白色颈环还没有显现。

虹膜褐色

白色颈环

▲ 觅食

♂ br.

形态特征

　　雄鸟在繁殖期的头顶、脸侧、喉部和上胸中央呈黑色，其余时期下体呈白色，下嘴基部至颈部有一条白色颈环。非繁殖期的雌鸟和雄鸟羽色相似，它们头顶部和喉部呈沙褐色，腰部呈浅沙黄色，下体呈白色沾沙褐色，眉纹呈皮黄色，上嘴部呈浅灰色，下嘴部呈粉色。

 繁殖行为

　　每年的6月苇鹀进入繁殖期。它们会用枯草等材料在草丛或者灌木丛中筑一个隐蔽的巢。雌鸟孵卵期间，雄鸟会在周围鸣叫。

📍 分布图

▨ 旅　鸟

▲　飞行

 生活习性

♀ non-br.

　　除繁殖期外，苇鹀常三五成群地活动。它们喜欢生活在平原沼泽及近水旁的芦苇丛和灌木丛中。它们可能是怕迷路，所以从不进入茂密的森林。

　　苇鹀的性格比较活泼，常在草丛中飞来飞去，并发出简单重复的"chee-chee-chee"声。

　　苇鹀喜欢吃一些草籽和植物的嫩芽等，冬天会吃一些昆虫和谷物。

你知道吗？

　　你知道怎么分辨雌性苇鹀和芦鹀吗？

　　雌性苇鹀的小覆羽呈灰色，而雌性芦鹀的小覆羽为棕色；雌性苇鹀的上嘴部呈浅灰色，下嘴部呈粉色，而雌性芦鹀的嘴部呈铅灰色。

黄喉鹀

Emberiza elegans

雀形目 · 鹀科 LC

黄喉鹀，顾名思义，它们
的喉部呈亮黄色。

虹膜暗褐色

喙黑褐色

冠羽上翘

▲ 头部形态

♂

E. e. elegans

形态特征

　　黄喉鹀的头部有一束高高耸起的冠羽，形成"凤头"，是家族
中的颜值担当。雄鸟的头部和胸部呈对比鲜明的黑、白、黄三色。
雌鸟的冠羽前端呈褐色，后端呈鹅黄色，胸部没有半月形的黑斑。

繁殖行为

每年的5月黄喉鹀进入繁殖期。雄鸟会耸起凤头，并发出悦耳的声音以赢得雌鸟的青睐。它们会共同筑一个精美的巢，然后共同孵卵、育雏，即便有人靠近也不会飞离巢穴。

📍 **分布图**

▨ 夏候鸟

▨ 旅 鸟

▲ 鸣叫

生活习性

♀

你知道吗？

黄喉鹀一年内会产两窝卵，所以有许多后代。它们的每个巢穴只用一次，第一次孵卵它们会把巢筑在地面上，第二次孵卵的时候不会用老巢，而是将巢筑在茂密的灌木丛中。

除繁殖期外，黄喉鹀常成小群活动。它们喜欢生活在开阔的树林和草坡等地，并且一般会在距离溪流较近的地方活动。

黄喉鹀的性格比较活泼，常在灌木丛中跳来跳去。它们的胆子较小，遇到惊扰的时候便会立刻隐藏起来。

它们的飞行高度较低，有时会在灌木丛的顶部停息，觅食的时候再回到地面或草丛中。它们吃稻谷时会轻轻地将谷物按住，用嘴巴把壳剥掉之后再吃。

黄胸鹀

Emberiza aureola

雀形目·鹀科

黄胸鹀常在禾苗结出果实的时候在田间飞行，所以又被称为"禾花雀"。它们的体型较小却十分结实。

脸部黑色

▲ 张望

♂ br.

E. a. ornata

217

形态特征

　　雄鸟头顶部为栗色，脸为黑色，胸口栗黄色的横带把鲜黄色的下体分成两部分，翅膀上有两道醒目的大块白色翼斑。雌鸟上体为灰褐色沾栗色，并具有黑色的纵斑；下体的黄色逐渐变深，由淡黄色变为柠檬黄色；翅膀上没有大块的白色翼斑。

 **繁殖行为**

每年的5月黄胸鹀进入繁殖期。雄鸟会站在灌木丛的顶端唱着缓慢的、音调较高的歌曲。它们会用禾本科植物的茎叶在草丛的凹地等处筑巢，巢的周边草丛繁茂，位置极为隐蔽。雌鸟和雄鸟会共同孵卵、育雏。

群体活动 ▶

♀

分布图

夏候鸟

旅　鸟

生活习性

除繁殖期外，黄胸鹀常成群活动，迁徙的时候它们会结成几千只的大群，十分壮观。黄胸鹀喜欢生活在稻田、芦苇丛和草地等地，特别喜欢出现在水边的灌木丛中。

黄胸鹀的胆子比较小，受到惊扰便会立刻飞走。它们白天会在灌木丛中停息，晚上则在草丛中睡觉。

黄胸鹀的食谱会随着季节的变化而变化。平时它们会吃一些植物的种子，繁殖期会吃一些蚂蚁。

你知道吗？

禾花雀，这个名字经常出现在菜单上，所以这个物种从最初的随处可见变成了极度濒危。如果不加以保护，它们很可能会变成下一个旅鸽。

218

本书参考了以下书籍：

1. 郑光美.鸟类学（第二版）.北京师范大学出版社，2020.

2. 刘阳，陈水华.中国鸟类观察手册.湖南科学技术出版社，2021.

3. 聂延秋.内蒙古野生鸟类.中国大百科全书出版社，2011.

4. 西班牙 Sol 90 出版公司.鸟类Ⅱ.陈怡婷，董青青，译.天津科技翻译出版有限公司，2018.

5. 多米尼克·卡曾斯.鸟类行为图鉴.何鑫，程翊欣，译.湖南科学技术出版社，2021.

6. 雅丽珊德拉·维德斯.鸟类不简单.张依妮，译.长江少年儿童出版社，2020.

7. 维基·伍德盖特.奇妙的鸟类世界.朱圣兰，译.湖南美术出版社，2021.

8. 英国 DK 公司.DK 生物大百科.涂甲等，译.中国工信出版集团，2013.

9. 斯蒂芬·莫斯.鸟有膝盖吗？.王敏，译.北京联合出版公司，2018.

10. 阿曼达·伍德，麦克·乔利.自然世界.王玉山，译.长江少年儿童出版社，2018.